生态文明建设文库

陈宗兴　总主编

党政领导干部 生态文明建设 简明读本

黎祖交　主编

中国林业出版社

图书在版编目（CIP）数据

党政领导干部生态文明建设简明读本／黎祖交主编 . - 北京：中国林业出版社，2020.6

（生态文明建设文库／陈宗兴总主编）

ISBN 978-7-5219-0311-9

Ⅰ．①党… Ⅱ．①黎… Ⅲ．①生态环境建设 - 中国 - 干部教育 - 学习参考资料

Ⅳ．① X321.2

中国版本图书馆 CIP 数据核字（2019）第 248021 号

出　版　人	刘东黎
总　策　划	徐小英
策划编辑	沈登峰　于界芬　何　鹏　李　伟
责任编辑	刘先银　李　娜
美术编辑	赵　芳
责任校对	许艳艳

出版发行	中国林业出版社（100009　北京西城区刘海胡同 7 号）
	http://www.forestry.gov.cn/lycb.html
	E-mail:forestbook@163.com　电话：(010)83143523、83143543
设计制作	北京涅斯托尔信息技术有限公司
印刷装订	北京中科印刷有限公司
版　　次	2020 年 6 月第 1 版
印　　次	2020 年 6 月第 1 次
开　　本	787mm×1092mm　1/16
字　　数	127 千字　插图约 100 幅
印　　张	6.5
定　　价	60.00 元

"生态文明建设文库"
编撰工作领导小组

组　长
刘东黎　成　吉

副组长
王佳会　杨　波　胡勘平　徐小英

成　员
(按姓氏笔画为序)

于界芬　于彦奇　王佳会　成　吉　刘东黎　刘先银　李美芬　杨　波

杨长峰　杨玉芳　沈登峰　张　锴　胡勘平　袁林富　徐小英　航　宇

编辑项目组

组　长：徐小英

副组长：沈登峰　于界芬　刘先银

成　员 (按姓氏笔画为序)：

于晓文　王　越　刘香瑞　李　伟　李　娜　肖基浒　何　鹏

张　璠　范立鹏　赵　芳　许艳艳　梁翔云

特约编审：杜建玲　周军见　刘　慧　严　丽

总　序

　　生态文明建设是关系中华民族永续发展的根本大计。党的十八大以来，以习近平同志为核心的党中央大力推进生态文明建设，谋划开展了一系列根本性、开创性、长远性工作，推动我国生态文明建设和生态环境保护发生了历史性、转折性、全局性变化。在"五位一体"总体布局中生态文明建设是其中一位，在新时代坚持和发展中国特色社会主义基本方略中坚持人与自然和谐共生是其中一条基本方略，在新发展理念中绿色是其中一大理念，在三大攻坚战中污染防治是其中一大攻坚战。这"四个一"充分体现了生态文明建设在新时代党和国家事业发展中的重要地位。2018 年召开的全国生态环境保护大会正式确立了习近平生态文明思想。习近平生态文明思想传承中华民族优秀传统文化、顺应时代潮流和人民意愿，站在坚持和发展中国特色社会主义、实现中华民族伟大复兴中国梦的战略高度，深刻回答了为什么建设生态文明、建设什么样的生态文明、怎样建设生态文明等重大理论和实践问题，是推进新时代生态文明建设的根本遵循。

　　近年来，生态文明建设实践不断取得新的成效，各有关部门、科研院所、高等院校、社会组织和社会各界深入学习、广泛传播习近平生态文明思想，积极开展生态文明理论与实践研究，在生态文明理论与政策创新、生态文明建设实践经验总结、生态文明国际交流等方面取得了一大批有重要影响力的研究成果，为新时代生态文明建设提供了重要智力支持。"生态文明建设文库"融思想性、科学性、知识性、实践性、可读性于一体，汇集了近年来学术理论界生态文明研究的系列成果以及科学阐释推进绿色发展、实现全面小康的研究著作，既有宣传普及党和国家大力推进生态文明建设的战略举措的知识读本以及关于绿色生活、美丽中国的科普读物，也有关于生态经济、生态哲学、生态文化和生态保护修复等方面的专业图书，从一个侧面反映了生态文明建设的时代背景、思想脉络和发展路径，形成了一个较为系统的生态文明理论和实践专题图书体系。

中国林业出版社秉承"传播绿色文化、弘扬生态文明"的出版理念，把出版生态文明专业图书作为自己的战略发展方向。在国家林业和草原局的支持和中国生态文明研究与促进会的指导下，"生态文明建设文库"聚集不同学科背景、具有良好理论素养的专家学者，共同围绕推进生态文明建设与绿色发展贡献力量。文库的编写出版，是我们认真学习贯彻习近平生态文明思想，把生态文明建设不断推向前进，以优异成绩庆祝新中国成立 70 周年的实际行动。文库付梓之际，谨此为序。

十一届全国政协副主席
中国生态文明研究与促进会会长　　陈宗兴

2019 年 9 月

目 录

第一章

生态文明建设的重大意义

新疆禾木乡（杨丹 摄）

　　党的十八大报告把生态文明建设放在突出地位，纳入社会主义现代化建设"五位一体"的总体布局，并对"大力推进生态文明建设"作出重要部署。党的十九大报告在明确将"中国特色社会主义进入了新时代，我国社会主要矛盾已经转化为人民日益增长的美好生活需要和不平衡不充分的发展之间的矛盾"确立为我国发展新的历史方位，并就决胜全面建成小康社会、夺取新时代中国特色社会主义伟大胜利一系列全局性战略性问题作出重大决策部署的同时，又对"加快生态文明体制改革，建设美丽中国"提出了新的要求。这是我们党在深刻认识自然界和人类社会发展规律的基础上为推动我国经济社会全面协调可持续发展和推动构建人类命运共同体作出的重大决策，也是准确把握当代人类文明转型的历史必然性、顺应时代发展潮流的明智之举，不仅具有重大的现实意义，还具有深远的历史意义和重要的国际意义。

一、建设生态文明是当代人类文明转型的必然趋势

　　人类在漫长的进化和发展过程中，依托和利用自然资源，创造了一个又一个灿烂辉煌的文明，走的是一条曲折而艰难的探索之路。

1. 原始文明

　　人类之初，与自然浑然一体，几乎完全依赖自然生存、生活，人类活动主要是采集与狩猎，人类文明处于一种"天人混沌"的状态。

　　在原始先民的观念中，心灵和自然是不可分割的整体，因而也没有人与自然的对立。先民的生产与生活也处于不可分的状态，其生产力是极低下的。这时的人类还匍匐在自然之神的脚下，没有也不可能有人敢妄称"征服自然""战胜自然"。对自然物的敬畏崇拜，是人类最早的生态思想，尽管表现了盲目性、幼稚性，但却体现了人类与自然、社会与环境的"亲密关系"。

　　当然，这种人类与自然、社会与环境的"亲密关系"，并非原始人主动自觉建立的，而是由于生产力水平极度低下，原始人在敬畏自然的前提下被动地适应自然而形成的。

　　对于人类刚刚超越动物界而创造的这种原始文明，我们既要看到其中蕴涵的

祁连山草原（刘俊　摄于青海省祁连县镜内）

积极意义，也要看到其消极落后的一面。人类文明毕竟要遵循由简单到复杂、由低级到高级的规律不断向前发展，而不能停留于简单、低级的水平和状态。

2.农业文明

进入新石器时代，人类由采集、狩猎为生逐步转变为种植五谷、养殖家畜，生产力得到发展，开始出现了农业文明。

农业文明是人类在社会实践中逐步形成的一种适应农业生产力发展和社会生活需要的国家制度、经济制度、礼俗制度和道德、教育等文化的集合体。

在农业文明阶段，随着铁器农具的使用和人口激增，人类改造大自然的能力日益增强，对大自然的占有欲望也不断膨胀，长期大规模毁林、毁草垦荒和粗放耕作方式，以及为占有土地和其他资源而进行的无休止的战争，导致了诸多局部区域生态退化、环境恶化，乃至一些古文明的消亡。正如恩格斯指出的："美索不达米亚、希腊、小亚细亚，以及其他各地的居民，为了得到耕地，毁灭了森林，但是他们做梦也想不到，这些地方今天竟因此而成为不毛之地，因为他们使这些地方失去了森林，也就失去了水分的积聚中心和储藏库。"古埃及、古巴比伦、古印度这三个与中国并称为"世界四大文明发源地"的文明古国，其曾经辉煌一时的文明，则因同样或类似的原因都先后在地球上消失，只留下一些历史痕迹。

但是，从总体上看，农业文明时期人类的生产活动，是一种自给自足的自然经济，人们在很大程度上依然"靠天吃饭"，没有形成社会化大生产，没有也不可能对大自然的整体造成毁灭性的破坏。

3.工业文明

起始于18世纪的工业革命，将人类文明推进到了工业文明的新阶段。从18世纪开始，以蒸汽机的发明和改良为标志的一系列技术革命，显著提高了劳动效率，引发了生产力的飞跃。从此，人类跨入了机器时代，工业革命以超过政治革命的影响力，带动人类社会快速前进。

新疆喀拉峻大草原库尔代大森林峡谷（刘俊　拍摄于新疆伊犁特克斯县）

金秋内蒙古（杨丹　摄）

工业革命所创造的物质文明，是农业文明所无法比拟的。正如马克思和恩格斯在《共产党宣言》中所言："资产阶级在它不到一百年的阶级统治中所创造的生产力，比过去一切世代创造的全部生产力还要多，还要大。"

工业文明阶段，其主导的文化理念是以追求生产的高效率、利润的最大化、资本的无限膨胀和消费的穷奢极欲为目标的物质至上和消费至上，其主导的生产方式是急功近利的掠夺性开发和以牺牲资源环境为代价追求经济的快速增长，其主导的生活方式是过度消费和奢侈浪费。工业文明阶段人类生产的最显著特征，是大规模开采利用化石能源和矿产资源。其结果是，一方面极大地加快了经济的高速发展，另一方面也不可避免地出现高消耗、高排放、高污染，导致资源环境被极大破坏和生态系统严重退化的全面危机。

相对于农业文明，工业文明无疑是一个巨大的进步。但其给自然生态系统带来的全面危机，也是人类和大自然的悲哀。正如马克思在谈到人类社会历史转变时所说："转变的顶点，是全面的危机。"

历史发展到今天，人类既不能忍受工业文明引发的全面的生态危机，也不能回到原始文明或农业文明，唯一的办法只能是超越工业文明，走向人类真正需要的既能实现生产力高度发达，又能实现人与自然和谐共生的新型文明——生态文明。

在当代人类文明转型发展的国际大背景下，我国党和政府大力推进生态文明建设，带领全国各族人民昂首走向社会主义生态文明新时代，正是准确把握人类历史发展的必然性、顺应时代发展潮流的明智之举。

二、建设生态文明是遏制生态环境恶化的现实选择

良好的生态环境是人和社会持续发展的根本基础，是最普惠的民生福祉。然而，从 18 世纪英国工业革命开始，随着工业文明时代的到来，一场首先在西方发达国家出现的、以"八大公害事件"为标志的生态危机迅速蔓延。进入 21 世纪以来，这种生态危机已经达到空前严重的程度。其主要表现包括以下十个方面：

1. 能源告急

近百年来，化石能源产量呈指数式快速增长。但是，人类已知的化石能源和矿产资源有限，根本无法满足工业文明社会这种日益增长的对能源和矿产资源的需要。据国际权威机构统计，全球已经探明可采石化能源可供人类开采利用的时

间仅分别约为：石油 41 年，天然气 60～70 年，煤炭 200 年。

2. 水资源短缺

世界银行报告估计，由于水污染和缺少供水设施，全球有 10 亿人口无法得到安全饮用水。水资源危机不仅带来生态系统恶化和生物多样性破坏，也将严重威胁人类生存和世界和平。在过去的 50 年中，全球由水资源引发的冲突共达 507 起，其中 37 起有暴力性质，21 起演变为军事冲突。

3. 土地资源丧失

据不完全统计，目前全球约有耕地 15 亿公顷，由于水土流失与土壤退化，每年损失 500 万～700 万公顷。如果按此速度计算，全球每 20 年丧失的耕地将达 1.4 亿公顷，相当于印度全部耕地面积的总和。

黄龙五彩池（高屯子　拍摄于阿坝藏族羌族自治州松潘县平松路附近黄龙国家地质公园内）位于四川省西北部，与青海省、甘肃省交界

湿地公园（刘俊 拍摄于湖北省宜昌市湿地公园）

4. 空气、水及土壤污染严重

自 20 世纪初开始，发生在一些工业发达国家由各类污染导致的公害事件层出不穷。这些事件，不但造成大批人员病故、伤残，而且导致周围大量家畜和野生动植物的死亡和枯萎。

5. 臭氧层破坏和损耗严重

到 1994 年，南极上空的臭氧层破坏面积已达 2400 万平方千米，欧洲和北美洲上空的臭氧层平均减少了 10%～15%，西伯利亚上空减少了 35%。臭氧层遭破坏的直接后果，是影响人类健康和农作物生长，并对水生食物链造成破坏。

6. 全球温室气体增加导致气候变暖

联合国政府间气候变化专业委员会公布的评估报告指出，"全球气候变暖已是不争的事实"，而且本世纪还可能上升 1.1～6.4℃，海平面可能上升 18～59 厘米。

7. 酸雨危害日益加重

欧洲是世界上一大酸雨区，美国和加拿大也是一大酸雨区。亚洲的酸雨主要集中在东亚，其中中国南方也是酸雨最严重的地区。酸雨的主要危害是导致生物和自然系统生态退化、土壤贫瘠并腐蚀建筑物。

8. 森林和湿地面积锐减

人类文明初期，地球陆地的 2/3 被森林所覆盖，约为 76 亿公顷，至 20 世纪末期已经锐减到 27%，约为 34.4 亿公顷。过去 100 年，全球湿地减少约 50%，其中亚洲和其他一些地区的沿海湿地以每年 1.6% 的速度消失。

9. 土地沙化荒漠化日益扩大

目前全球荒漠化土地面积已达到 3600 万平方千米，约占整个地球陆地面积的 1/4，并且仍然以每年 5 万～7 万平方千米的速度在扩大，12 亿多人口受到荒漠化的直接威胁，100 多个国家和地区受到荒漠化的影响。

10. 生物多样性急剧减少

据专家估计，目前地球上的生物种类正在以相当于正常水平 1000 倍的速度消失。全球已知的 21% 的哺乳动物、12% 的鸟类、28% 的爬行动物、30% 的两

华北豹（周哲峰　摄）

滇金丝猴（奚志农　摄）

森林一家子（陈江林　摄）

王子归来（许胜　摄于云南高黎贡山）

栖动物、37% 的淡水鱼类、35% 的无脊椎动物，以及 70% 的植物，共 5200 多种动物和 3.4 万种植物已经处于濒临灭绝的境地。

值得指出的是，自 20 世纪 80 年代初以来，上述全球性生态环境恶化的局面在我国不少地区也相继出现，导致人口、资源、环境的矛盾日益突出，对我国经济社会发展的瓶颈制约日益增大，主要表现为：

一是资源约束趋紧。随着我国工业化、城镇化的快速发展，以及发展方式粗放，能源、资源消耗过大、浪费过多，导致能源、资源供给矛盾变得十分突出。未来一段较长的时期内，各类能源、资源的人均消费量还将增加，能源、资源对于经济社会发展的瓶颈约束将更加凸显。

二是环境污染严重。我国传统的高投入、高消耗、高污染的发展方式导致主要污染物排放量过大，有的甚至超过了环境容量，水、空气、土壤和固体废弃物污染加重的趋势尚未得到根本遏制。

三是生态系统退化。森林生态系统质量不高，草原退化、土地沙化、水土流失严重，地质灾害频发、湿地湖泊萎缩、地面沉降、海洋自然岸线减少等问题十分严重。生物多样性锐减，生态系统缓解各种自然灾害的能力减弱。

此外，由于温室气体排放总量大、增速快，我国面临的气候变化问题也十分突出。近 50 年来，我国主要极端天气与气候事件的频率和强度出现明显变化。而且据科学家预测，中国未来的气候变暖趋势还将进一步加剧。

对于造成这种生态环境恶化状况的深层原因，习近平总书记曾一针见血地指出："生态环境问题，归根到底是资源过度开发、粗放利用、奢侈消费造成的。"

云雾管涔山（刘俊　拍摄于山西省管涔山国家森林公园）

联合国有关机构也明确将上述全球性生态危机的出现归结为一些国家（特别是发达国家）不可持续的生产方式和消费方式的恶果。

这就告诉我们，要彻底遏制这种生态环境恶化的严峻形势，最现实的选择就是建设生态文明，彻底转变那种不可持续的生产方式和消费方式，推动整个社会坚定走上绿色、低碳、循环发展的道路。

三、建设生态文明是中华民族永续发展的千年大计

党的十八大报告指出：要通过建设生态文明，"建设美丽中国，实现中华民族永续发展"。党的十九大报告进一步指出："建设生态文明是中华民族永续发展的千年大计。"

据此，党的十八大在我们党的历史上首次就大力推进生态文明建设作出全面部署。党的十九大还在综合分析国际国内形势和我国发展条件的基础上，确立了从2020年到本世纪中叶社会主义现代化建设和生态文明建设分两阶段同步实施的战略安排。

2018年5月19日，习近平总书记在全国生态环境保护大会上进一步强调，要通过加快构建生态文明体系，确保到2035年，美丽中国目标基本实现；到本世纪中叶，建成美丽中国。

这表明，我们党作出的建设生态文明的战略决策，不仅仅是为了缓解前述资源约束趋紧、环境污染严重、生态系统退化的严峻形势，从源头上扭转生态环境恶化趋势，也是关系建设美丽中国，实现中华民族永续发展的千年大计。

需要指出的是，党的十八大和十九大之所以作出建设生态文明的战略决策，并将其视为实现中华民族永续发展的千年大计，是建立在我们党对自然规律和人与自然关系科学认识的基础上的。这是因为，大自然是整个人类的生命支持系统，它不仅在久远的过去孕育和哺育了我们的祖先、在现实的当下养育了我们这一代人，还将在遥远的未来不断养育我们的子孙后代。这就要求我们每一代人在推动当代经济社会发展时都既要遵循代内公平原则，也要遵循代际公平原则；既要注重当代人的福祉，也要顾及后代人的福祉。决不能"吃祖宗饭，断子孙路"。

这里的关键在于：要做到代际公平，就必须实现整个人类的可持续发展，包括生态可持续发展、经济可持续发展和社会可持续发展。而建设生态文明正是实现这种可持续发展的必然选择。

其中，生态可持续发展强调经济社会发展必须以自然资源为基础、同生态环境相协调，不能超越资源和生态环境的承载能力。它要求在保护生态环境和资源

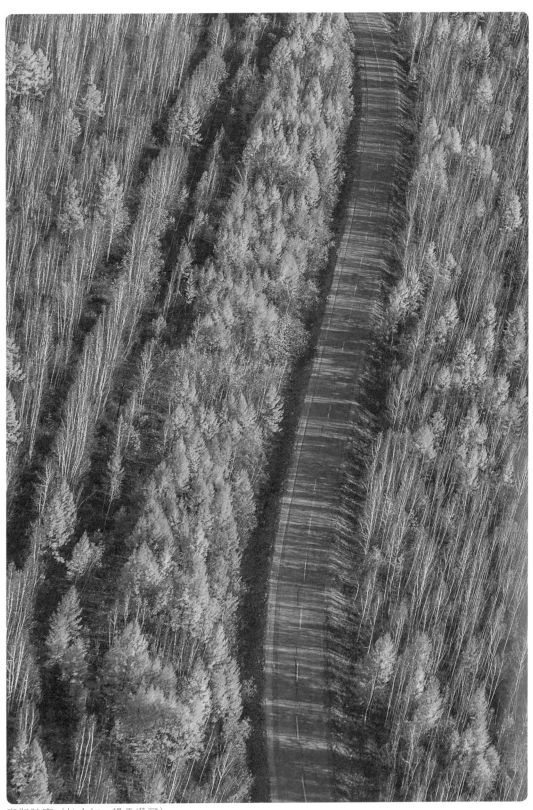

斑驳陆离（杜小红　摄于漠河）

永续利用的条件下进行经济和社会建设，保证以可持续的方式使用自然资源和环境成本，使人类的发展控制在自然生态系统的承载力之内。它还强调，要实现经济社会可持续发展，必须使可再生资源的消耗速率低于资源的再生速率，使不可再生资源的利用能够得到替代资源的补充。

经济可持续发展一方面强调经济增长对于人类可持续发展的必要性，也就是必须通过经济增长提高当代人的福利水平，增强国家实力和社会财富，另一方面又强调可持续发展不仅要重视经济增长的数量，更要追求经济增长的质量。它要求经济发展必须包括数量增长和质量提高两部分，同时指出数量的增长是有限的，而依靠科学技术进步和提高劳动者素质，提高经济活动中的效益和质量，采取科学的经济增长方式才是可持续的。

社会可持续发展强调人类可持续发展的目标是谋求社会的全面进步，发展不仅仅是经济问题，单纯追求产值的经济增长不能全面体现发展的科学内涵。它认为世界各国的发展阶段和发展目标可以不同，但发展的本质应当包括改善人类生活质量，提高人类健康水平，创造一个保障人们教育、医疗、就业和平等、自由、公平、正义的社会环境。

这就是说，在人类可持续发展系统中，生态可持续发展是前提，经济可持续发展是基础，社会可持续发展是目的。正是这三者的相互作用形成的合力，共同推动以人为本的自然—经济—社会复合系统的持续、稳定、健康发展。而这正是生态文明建设的目标要求，也是生态文明建设的重要内容。

严酷的现实还告诉我们，由于地球资源的有限性，如果人类继续维持传统的发展方式和现有的资源消耗速度，只需百年甚至更短的时间，人类经济社会的发展就将达到极限。由此，更凸显出生态文明建设对于实现人类可持续发展的极端重要性和紧迫性。

就我们中国而言，目前正处于持续推进工业化、城镇化的进程中，经济发展表现为高投入、高能耗、高污染、低效益的传统、粗放型增长模式，并由此引发

晨雾兴安岭（刘俊　拍摄于伊春市国有林区）

它树尽因霜雪红，唯我青松不动容（杜小红　摄）

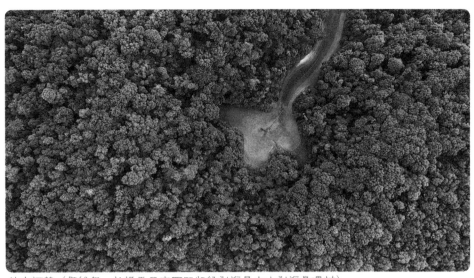

林中栖梦（邵维玺　拍摄于云南西双版纳勐海星火山勐海曼嘿村）

出资源约束趋紧、环境污染严重、生态系统退化的严峻形势。这种局面如果得不到及时扭转，要实现中华民族的永续发展，只能是一句空话。在此情况下，大力推进生态文明建设，切实加大自然生态系统和环境保护的力度，全力维护资源环境对人类生存发展的持续供养能力，切实转变经济发展方式，着力推进绿色发展、循环发展和低碳发展，坚持走生产发展、生活富裕、生态良好的文明发展道路，切实把生态环境保护作为重大民生问题，作为事关社会和谐稳定和国家长治久安的重大问题加以重视，进而实现中国领土范围内的生态可持续发展、经济可持续发展和社会可持续发展，显得更加重要而紧迫。而将这三个可持续发展综合在一起，也就从总体上为实现中华民族的永续发展打下了坚实的基础。

从人类历史发展的长河看，生态文明建设对于实现中华民族永续发展所具有的深远的历史意义也就在于此。

四、建设生态文明是实现全球生态安全的重要保障

人类只有一个地球。生态环境问题是没有边界的，保护生态环境是全人类共同的责任。正因为如此，党的十八大和十九大报告都特别强调我国生态文明建设要"为全球生态安全作出贡献"。也正是从这个意义上，我们说我国生态文明建设是实现全球生态安全的重要保障。

那么，我国生态文明建设对于实现全球生态安全的重要保障主要体现在哪些方面呢？概括地说，主要体现在以下三个方面：

太行龙脊（刘俊 拍摄于山西省长治市壶关县境内）

第一，中国作为一个拥有 14 亿人口和 960 多万平方千米陆地面积、470 多万平方千米内海和边海水域面积的大国，通过生态文明建设有效遏制自身生态环境恶化趋势，这本身就是为全球生态安全作出的重大贡献。

众所周知，如何破解当今世界正面临着的全球性生态危机，维护全球生态安全，已经成为全人类普遍关注的世界性难题。中国自 20 世纪 80 年代以来，随着经济的快速发展，也相继面临日益严重的生态空间减少过多、生态损害严重、生态系统功能退化、资源开发强度大、环境问题凸显，以及气象灾害、地质灾害、海洋灾害频发等严重影响国土生态安全的突出问题。在中国这样一个面临严重生态安全问题的大国自觉进行生态文明建设，坚持节约优先、保护优先、自然恢复为主的方针，形成节约资源和保护环境的空间格局、产业结构、生产方式、生活方式，从源头上扭转生态环境恶化趋势，切实维护 960 多万平方千米陆地和 470 多万平方千米内海和边海水域的生态安全，还自然以宁静、和谐、美丽，为占世界人口 22% 的中国人民创造良好的生产生活环境，这本身就是为全球生态安全作出的重大贡献，就是对实现全球生态安全提供的一个重要保障。

第二，中国作为全球最大的发展中国家，其大力推进生态文明建设的成功经验和做法对于广大发展中国家正确处理经济社会发展与生态环境保护的关系、实现环境和发展双赢，既是一个巨大的鼓舞，更是一个良好的借鉴。

人们注意到，当今世界的生态危机是首先在西方发达国家的先行工业化进程中出现，并随着经济全球化的进程而波及全球的。按理说，西方发达国家应该率先为缓解全球生态危机承担更大的责任和义务。但是，由于西方发达国家奉行的是"资本至上"的价值观，这就决定了他们只可能关注本国生态危机的缓解，而对于别国特别是发展中国家生态危机的治理，则不仅不愿意作出其应有的贡献，

寻梦归林 （邵维玺 拍摄于西双版纳傣族自治州勐遮热带雨林）

反而借"经济全球化""产业转移"之机向发展中国家大肆转嫁生态、环境与资源成本，致使发展中国家的生态危机不仅没有得到缓解，反而越陷越深。中国的生态文明建设，恰与西方发达国家的做法形成鲜明对照，既体现出中国作为负责任大国积极应对全球性生态危机的良好国际形象，也在国际社会，特别是发展中国家中起到一种良好的示范带头作用。正是中国的生态文明建设让广大发展中国家清醒地意识到：在一方面面临人民对加快经济社会发展、尽快改变贫穷落后面貌的呼声越来越大，另一方面又面临资源环境压力日益增大的严峻形势下，唯有坚持人与自然和谐共生的理念，坚持在发展中保护、在保护中发展的原则，逐步走上生产发展、生活富裕、生态良好的文明发展道路，才能稳步推动本国经济社会全面协调可持续发展。

第三，中国作为联合国常任理事国和全球第二大经济体，同世界各国政府和人民共谋全球生态文明建设，深度参与全球环境治理，成为全球生态文明建设的重要参与者、贡献者、引领者，也是中国生态文明建设为全球生态安全提供重要保障的重要方面。

自 20 世纪中叶以来，在联合国的倡议和推动下，为应对全球性的生态危机，国际社会已经逐步形成全球性和区域性的生态治理机制，签署了一系列国际公约、行动计划及各种提案，采取了一系列重大行动。世界各国政府也纷纷从各自的国情出发，相继为保护生态环境采取了与之相应的积极行动。但是，由于世界各国的国情和所处的历史发展阶段不同，其所持的态度和采取的行动也有所不同。特别值得注意的是，一些西方发达国家面对国内和国际的生态环境问题采取了两种不同的态度。

与这些西方发达国家的做法形成鲜明对照的是，中国作为一个负责任的大

华北落叶松的故乡（刘俊　拍摄于山西省管涔山国有林区）

龙头柏（吕顺　拍摄于陕西黄陵）

国，一方面在国内大力推进生态文明建设，走绿色发展、循环发展、低碳发展的道路，一方面积极参与全球环境治理，努力开展国际重大行动，认真履行各项国际公约，主动落实减排承诺，引导应对气候变化国际合作，成为全球生态文明建设的重要参与者、贡献者、引领者，得到国际社会的广泛认同和高度赞赏。2013年2月，联合国环境规划署第27次理事会通过推广中国生态文明理念的决定草案。2016年5月，联合国环境规划署发布《绿水青山就是金山银山：中国生态文明战略与行动》报告。联合国副秘书长阿奇姆·施泰纳还说："中国在生态文明这个领域中，不仅给自己，而且也给世界一个机会，让我们更好地了解朝着绿色经济的转型。"

　　毛泽东曾经说过："中国应当对于人类有较大的贡献。"历史已经并将继续证明，我国人民在习近平生态文明思想指引下，按照党的十八大和十九大部署大力推进的生态文明建设，正是对毛泽东这个伟大嘱托的最新最好的诠释。

　　　　　　撰稿：黎祖交（原国家林业局经济发展研究中心主任、教授）

第二章

生态文明建设的
总体要求

金秋十月（刘俊　拍摄于哈尔滨市境内）

　　党的十八大以来，以习近平总书记为核心的党中央对生态文明建设高度重视，在中国面临着资源约束趋紧、环境污染严重、生态系统退化等问题时，提出了新理念新思想新战略，确立了生态文明建设在"五位一体"中的地位，并逐步探索出了我国生态文明建设的指导思想，确立了生态文明建设的六大原则，明晰了建设美丽中国的主要目标，按照"五位一体"的总体布局扎实推进生态文明建设。

一、指导思想

　　党的十九大前，《中共中央国务院关于加快推进生态文明建设的意见》曾明确指出我国生态文明建设的指导思想是：以邓小平理论、"三个代表"重要思想、科学发展观为指导，全面贯彻党的十八大和十八届二中、三中、四中全会精神，深入贯彻习近平总书记系列重要讲话精神，认真落实党中央、国务院的决策部署，坚持以人为本、依法推进，坚持节约资源和保护环境的基本国策，把生态文明建设放在突出的战略位置，融入经济建设、政治建设、文化建设、社会建设各

云雾兴安岭（刘俊　拍摄于伊春市国有林区）

雪山草原油菜花（刘俊 拍摄于新疆伊犁市境内）

大青杨与晚霞（刘俊 拍摄于黑龙江省汤原县国家森林公园）

方面和全过程，协同推进新型工业化、信息化、城镇化、农业现代化和绿色化，以健全生态文明制度体系为重点，优化国土空间开发格局，全面促进资源节约利用，加大自然生态系统和环境保护力度，大力推进绿色发展、循环发展、低碳发展，弘扬生态文化，倡导绿色生活，加快建设美丽中国，使蓝天常在、青山常在、绿水常在，实现中华民族永续发展。

鉴于党的十九大和十九大通过的新《党章》明确将习近平新时代中国特色社会主义思想确立为全党工作的指导思想，而且十九大报告又对"加快生态文明体制改革，建设美丽中国"作出新的部署，当前和今后一个时期我国生态文明建设的指导思想可完整表述为：以邓小平理论、"三个代表"重要思想、科学发展观、习近平新时代中国特色社会主义思想为指导，全面贯彻党的十八大和十九大精神，认真落实党中央、国务院的决策部署，坚持以人为本、依法推进，坚持节约资源和保护环境的基本国策，把生态文明建设放在突出的战略位置，融入经济建设、政治建设、文化建设、社会建设各方面和全过程，协同推进新型工业化、信息化、城镇化、农业现代化和绿色化，以健全生态文明制度体系为重点，优化国土空间开发格局，全面促进资源节约利用，加大自然生态系统和环境保护力度，大力推进绿色发展、循环发展、低碳发展，弘扬生态文化，倡导绿色生活，加快建设美丽中国，使蓝天常在、青山常在、绿水常在，实现中华民族永续发展。其要点是：

1. 坚持以习近平新时代中国特色社会主义思想尤其是习近平生态文明思想为指导

习近平新时代中国特色社会主义思想是对马克思主义的继承和发展，是当代中国的马克思主义；作为习近平新时代中国特色社会主义思想重要组成部分的习近平生态文明思想是我国生态文明建设的根本遵循。只有坚持以习近平新时代中国特色社会主义思想为指导，尤其是深入学习贯彻习近平生态文明思想，我国生态文明建设才能始终沿着正确的方向顺利开展，并不断取得新的更大的胜利。

白桦美如画（刘俊　拍摄于黑龙江省汤原县国家森林公园）

峡谷森林（刘俊　拍摄于西藏林芝）

2. 坚持以人为本、依法推进

中国共产党始终遵循着全心全意为人民服务的宗旨，并将这一宗旨渗透在执政为民的各个方面，生态文明建设也应从广大人民群众的利益出发。生态文明建设事关中华民族永续发展和"两个一百年"奋斗目标的实现，功在当代、利在千秋。全党同志都要清醒认识保护生态环境、治理环境污染的紧迫性和艰巨性，清醒认识加强生态文明建设的重要性和必要性，始终牢记为百姓和子孙后代提供生产发展、生活富裕、生态良好的美丽家园是我们这一代共产党人的庄严使命。

3. 坚持节约资源和保护环境的基本国策

我国现在面临着资源约束趋紧、环境污染严重、生态系统退化的严峻形势，生态环境保护任重而道远。因此，必须以尊重自然、顺应自然、保护自然的生态文明理念为指导，坚持节约资源和保护环境的基本国策，坚持节约优先、保护优先、自然恢复为主的方针，着力树立生态观念、完善生态制度、维护生态安全、优化生态环境，形成节约资源和保护环境的空间格局、产业结构、生产方式、生活方式。

4. 按照系统工程思路推进生态文明建设

要把生态文明建设放在突出的战略位置，融入经济建设、政治建设、文化建设、社会建设各方面和全过程，协同推进新型工业化、信息化、城镇化、农业现代化和绿色化。党的十八大以来，我国的生态文明建设取得了一定的成就，但是成效还不稳固。其中很重要的原因之一，就是生态文明建设是一项复杂的系统工程。当前我国面临的环境污染、资源短缺问题成因复杂，无法从单方面进行治理，也无法在短时间内看到显著的治理成效。在对此有足够清醒认识的前提下，必须树立生态文明建设是一项复杂系统工程的理念，用系统思维指导生态文明建设。

汤旺河畔秋意浓（刘俊　拍摄于黑龙江省汤原县境内）

5. 健全生态文明制度体系

人们对于资源与生态环境的危急现状普遍有认同感，但是为追求经济增长的高速度，有许多人仍不愿意轻易放弃对自然资源的掠夺和污染环境的行为。这是由于制度建设的滞后导致的，应该通过制度去规范人的行为。重视和充分发挥生态文明制度对生态文明建设的引导作用，制定健全的、可操作性强的制度去落实生态文明的各种具体要求。

6. 优化国土空间开发格局

国土是中华民族得以生生不息、永续发展的最根本的保证，是生态文明建设最基础的载体，既要满足人民物质生活的需要，又要为群众提供优质的生态产品。在这种要求之下，必须坚定不移地实施主体功能区战略，健全空间规划体系，科学合理布局和整治生产空间、生活空间、生态空间，优化国土空间开发格局。

7. 弘扬生态文化，倡导绿色生活

由生态实践酝酿生成的个体生态意识观念，构成了主体在生态文明建设活动中再生产与再实践的精神动力因素。这种精神动力因素经过进一步外化与固化，就会整合形成一个社会特定的生态文化。而生态文化又将反作用于社会整体的生态文明建设实践，或推动或阻碍，其关键取决于如何对生态文化进行重塑。生态文化作为促进生态文明建设的理念创新、制度规约、行为典范和物质文化，并通过教化、规制、示范、样板等进行生态文化培育，旨在为推进生态文明建设提供理念文化、制度文化、行为文化与物质文化支撑。

二、基本原则

在 2018 年 5 月召开的全国生态环境保护大会上，习近平总书记提出了新时代推进生态文明建设的六大原则，为我国生态文明建设指明了方向。

一是坚持人与自然和谐共生。要坚持节约优先、保护优先、自然恢复为主的方针，像保护眼睛一样保护生态环境，像对待生命一样对待生态环境，让自然生态美景永驻人间，还自然以宁静、和谐、美丽。从历史上看，一部人类文明史就是人与自然关系的发展史。从农业文明时代人与自然仍处于整体和谐的状态，到工业文明时代人与自然的关系由原始和谐走向激烈对立的状态，面对严峻的生存危机，人类开始反思自身的行为以及人地关系，意识到自然对于人类生存和发展

夕阳西下林意浓（刘俊　拍摄于伊春市国有林区）

的重要作用，提出可持续发展战略、人与自然和谐相处，共同应对气候变化等全球性生态问题，人与自然的关系开始走向缓和。人类唯有尊重自然、顺应自然、保护自然，才能为自身以及子孙后代赢得宝贵的生存空间。

二是坚持绿水青山就是金山银山。要贯彻创新、协调、绿色、开放、共享的发展理念，加快形成节约资源和保护环境的空间格局、产业结构、生产方式、生活方式，给自然生态留下休养生息的时间和空间。要把生态环境保护摆在更突出的位置。"我们既要绿水青山，也要金山银山。宁要绿水青山，不要金山银山，而且绿水青山就是金山银山。""两山理论"铺垫习近平生态文明思想的理论基石。"绿水青山"是人类活动所处的自然环境，"金山银山"是人与自然协调发展的必然结果。"正确处理好生态环境保护与发展的关系，也就是我说的绿水青山和金山银山的关系，是实现可持续发展的内在要求，也是我们推进现代化建设的重大原则。"[1]"绿水青山"与"金山银山"巧妙的结合，不仅把生态与经济完美融合，

[1]　中共中央文献研究室：《习近平关于社会主义生态文明建设论述摘要》，中央文献出版社，2017 年版，第 22 页。

伊犁市草原之夏（刘俊　拍摄于新疆伊犁境内）

也形成了一个生态理论体系，为习近平生态文明思想提供坚实的理论支撑。

三是坚持良好生态环境是最普惠的民生福祉。要坚持生态惠民、生态利民、生态为民，重点解决损害群众健康的突出环境问题，不断满足人民日益增长的优美生态环境需要。环境就是民生，青山就是美丽，蓝天也是幸福。建设生态文明，关系人民福祉，关乎民族未来。面对日益严重的环境问题，我们应把它上升到民生的高度去认识、去重视、去治理。对人民来说，良好的生态环境是金钱不可替代的。补齐生态文明建设短板，提供更多优质生态产品满足人民日益增长的对优美生态环境的需要，是全面建成小康社会的要求，也是习近平生态文明思想一以贯之的宗旨精神。

四是坚持山水林田湖草是生命共同体。要统筹兼顾、整体施策、多措并举，全方位、全地域、全过程开展生态文明建设。山水林田湖草是一个生命共同体，形象生动地把生态系统比作一个有机生命躯体，是对过去分割的局部、狭隘生态治理方式的深刻反思和科学总结，这体现出一种朴素的生态系统论思想。生态系统论，强调发展个体嵌套于相互影响的一系列环境系统之中，在这些系统中，系统与个体相互作用并影响着个体发展。山水林田湖草是一个生命共同体作为一种生态系统论命题，从价值基础上重置了人与自然关系的伦理前提，在对自然界的整体认知和人与生态环境关系的处理上为我们提供了重要的理论遵循，是实现绿色发展，建设生态文明的重要方法论指导，蕴含着重要的生态价值，是中国特色生态文明建设的理论内核之一。

五是坚持用最严格制度最严密法治保护生态环境。要加快制度创新，强化制

芦芽仙境（刘俊　拍摄于山西省芦芽山国家级自然保护区）

度执行，让制度成为刚性的约束和不可触碰的高压线。我国生态环境保护方面出现的许多问题，都是由制度建设的滞后导致的。应该通过制度去规范人的行为。加快推进生态环境保护制度的健全，是加快推进生态环境保护、建设生态文明的必然要求。要重视和充分发挥生态文明制度对生态文明建设的引导作用，制定健全的、可操作性强的制度去落实生态文明的各种具体要求。生态文明制度是生态文明建设的制度保证，是生态环境保护制度规范建设的积极成果。

六是坚持共谋全球生态文明建设。要深度参与全球环境治理，形成世界环境保护和可持续发展的解决方案，引导应对气候变化国际合作。从20世纪90年代至今，中国一直本着负责任的态度积极应对气候变化，积极探索符合中国国情的低碳发展道路。并且，我国还积极推进建立公平合理的全球气候治理体系。"保护生态环境，应对气候变化，维护能源资源安全，是全球面临的共同挑战。中国将继续承担应尽的国际义务，同世界各国深入开展生态文明领域的交流合作，推动成果分享，携手共建生态良好的地球美好家园。"[1] 随着"一带一路"和"绿色丝绸之路"的推进，"共谋全球生态文明建设"原则越来越呈现出中国是负责任的发展中大国形象，也表现着我国作为全球生态文明建设的积极重要参与者、贡献者、引领者的作用。

习近平总书记关于新时期生态文明建设的"六大原则"是马克思主义普遍原理与中国特色社会主义建设具体实践的结合，在方法论上凸显继承性、创新性、科学性与实践性，为我国全面加强生态环境保护、推进生态文明建设指明了前进方向。

---

[1]　中共中央文献研究室：《习近平关于社会主义生态文明建设论述摘要》，中央文献出版社，2017年版，第127页。

祁连山下好风光（刘俊 拍摄于青海省祁连县境内）

三、主要目标

尽管我国在生态建设方面取得了很大成效，但生态环境保护仍然任重道远。为此，十九大报告和 2018 年 5 月召开的全国生态环境保护大会提出了社会主义现代化建设和生态文明建设同步推进的两个阶段性目标：一是到 2035 年基本实现社会主义现代化，生态环境根本好转，美丽中国目标基本实现；二是到本世纪中叶，物质文明、政治文明、精神文明、社会文明、生态文明全面提升，绿色发展方式和生活方式全面形成，人与自然和谐共生，生态环境领域国家治理体系和治理能力现代化全面实现，建成美丽中国。在这两个大的阶段性目标之下，以下几个方面尤为重要。

1. 加快构建生态文明体系，深化生态文明体制改革

十八大以来，各项制度的出台正在逐渐夯实我国生态文明建设的制度基础。《关于加快推进生态文明建设的意见》明确了生态文明建设的总体要求、目标愿景、重点任务和制度体系，《生态文明体制改革总体方案》提出了生态文明体制改革的理念、原则和八项具体制度。与此同时，关于环保督查、生态环境监测等配套的六项制度也公布出来，生态文明体制改革的"组合拳"已经形成。在此之后，《生态文明建设目标评价考核办法》《关于划定并严守生态保护红线的若干意见》等一系列制度不断出台，我国的生态文明制度理论体系逐渐趋于完善，生态文明的"四梁八柱"逐渐形成，也标志着生态文明建设开启了系统治理体系的新时代。

2017 年十九大报告中，再次提出要加快生态文明体制改革的要求。要继续加快构建生态文明体系，加快建立健全以生态价值观念为准则的生态文化体系，以产业生态化和生态产业化为主体的生态经济体系，以改善生态环境质量为核心的目标责任体系，以治理体系和治理能力现代化为保障的生态文明制度体系，以生态系统良性循环和环境风险有效防控为重点的生态安全体系，让合理高效的制度体系为生态文明建设保驾护航。

2. 全面推动绿色发展

保护生态环境就是保护生产力，改善生态环境就是发展生产力。生态环境作为人类从事经济活动的条件和对象，是经济发展的基础，也是经济发展的制约条件。作为一个发展中大国，中国再走发达国家走过的"先污染后治理"的老路是行不通的。所以人类的发展活动必须尊重自然、顺应自然、保护自然，让发展方式绿色转型，才能适应自然的规律。

发展理念具有战略性、纲领性、引领性。绿色发展理念作为我们党科学把握发展规律的创新理念，明确了新形势下完成第一要务的重点领域和有力抓手，为我们党切实担当起新时期执政兴国使命指明了前进方向。必须坚持和贯彻新发展理念，像保护眼睛一样保护生态环境，像对待生命一样对待生态环境。加深对自然规律的认识，自觉以规律的认识指导行动。我们决不能以破坏生态、牺牲环境、浪费资源为代价换取经济增长，不能在问题发生之后再以更大的代价去弥补，而是要让经济发展和生态文明相辅相成、相得益彰，让良好环境成为人民生活质量的增长点，让绿水青山变为金山银山。

3. 打好污染防治攻坚战，着力解决突出环境问题

生态环境特别是大气、水、土壤污染严重，已成为全面建成小康社会的突出短板，成为人民群众反映强烈的突出问题，是民生之患、民心之痛。当前，我国环境形势十分严峻，影响群众健康的突出环境问题尚未解决，环境质量改善速度与公众预期仍存差距。

随着经济社会发展和人民生活水平不断提高，环境问题往往最容易引起群众不满，弄得不好也往往最容易引发群体性事件。所以，环境保护和治理要以解决损害群众健康突出环境问题为重点，坚持预防为主、综合治理，强化水、大气、土壤等污染防治，着力推进重点流域和区域水污染防治，着力推进重点行业和重点区域大气污染治理，着力推进颗粒物污染防治，着力推进重金属污染和土壤污染综合治理，集中力量优先解决好细颗粒物（$PM_{2.5}$）、饮用水、土壤、重金属、化学品等损害群众健康的突出环境问题。大气、水、土壤污染治理"三大战役"既

金秋哈尔滨（刘俊 航拍于哈尔滨境内）

历山古桦林（刘俊　拍摄于山西省历山国家级自然保护区）

是攻坚战，也是持久战。打好"三大战役"，解决影响人民群众健康的突出环境问题，践行改善环境质量、建设生态文明和美丽中国的庄严承诺。

4. 加大生态系统保护力度，有效防范生态环境风险

习近平总书记在十九大报告中指出："必须树立和践行绿水青山就是金山银山的理念"，并明确要求"加大生态系统保护力度"，"实施重要生态系统保护和修复重大工程"，"完成生态保护红线、永久基本农田、城镇开发边界三条控制线划定工作。"修复生态系统，是进一步遏制生态环境恶化趋势的迫切需要，是满足我国人民日益增长的美好生活的迫切要求，是更好地改善环境、保护生态的客观需要。三条控制线，旨在处理好生活、生产和生态的空间格局关系，着眼于推动经济和环境可持续与均衡发展，是美丽中国建设最根本的制度保障。同时还应启动大规模国土绿化行动，实施生态修复重大工程，尤其是退耕还林、重点防护林、风沙治理、沙漠化治理等工程；完善天然林保护制度，开展新一轮的退耕还林还草。最后，还需建立起多元化的补偿机制，进一步完善自然资源的有偿使用制度等。

四、根本路径

党的十八大把生态文明建设纳入中国特色社会主义事业五位一体总体布局，明确提出大力推进生态文明建设，努力建设美丽中国，实现中华民族永续发展。建设生态文明，应把其放到现代化建设全局的突出位置，融入经济建设、政治建设、文化建设、社会建设的各方面和全过程。

青山绿水（刘俊 拍摄于海南尖峰岭国家森林公园）

1. 生态文明融入经济建设

人的生活必须依赖于物质基础，绿色物质生活成为新时代人们对美好生活的新追求。要满足人们对美好物质生活的需要，必须处理好生态保护与经济发展的关系，兼顾经济效益和生态效益。

首先，坚持绿水青山就是金山银山的发展理念，决不能以牺牲生态环境为代价换取经济的一时发展。其次，要在发展中保护，在保护中发展。绿色价值观下，"两山论"体现的就是生态文明的社会形态，"绿水青山"是自然，"金山银山"是发展，二者之间源源不断持续转换。要创新发展思路和发展手段，让绿水青山充分发挥经济社会效益，关键是要树立正确的发展思路，因地制宜选择好发展产业。要转变发展方式，实现生产方式、生活方式的绿色化，优化经济结构，构建科技含量高、资源消耗低、环境污染少的产业结构。同时加大绿色供给，用供给侧结构性改革推动我国的绿色发展。

2. 生态文明融入政治建设

生态文明融入政治建设，就是从生态的角度出发，让政治建设有利于生态效益的实现。要形成生态保护的新体制和新机制，对现有体制和制度进行优化整合，让十九大以后的生态文明体制更加健全。

首先，要加强生态文明建设的总体设计和组织领导。按照十九大报告中指出的，"设立国有自然资源资产管理和自然生态监管机构，完善生态环境管理制度，统一行使全民所有自然资源资产所有者职责，统一行使所有国土空间用途管制和生态保护修复职责，统一行使监管城乡各类污染排放和行政执法职责"[1]。

---

[1] 习近平：《决胜全面建成小康社会夺取新时代中国特色社会主义伟大胜利：在中国共产党第十九次全国代表大会上的报告》，人民出版社，2017 年版。

油菜花香满乾坤（刘俊　拍摄于陕西省汉中市境内）

其次，要树立绿色政绩观，摒弃以牺牲环境换取一时经济发展的短视思想、主动发力带头破解生态环境诸多问题，把各项工作落实到人，让行为追责和后果追责相结合。最后，要深化体制机制创新。要继续完善经济社会发展考核评价体系，建立生态环境损害责任终身追究制，坚持依法依规、客观公正、科学认定、权责一致、终身追究的原则，完善资源有偿使用与生态补偿制度等。

3. 生态文明融入文化建设

生态经济学家认为，工业文明的经济是"自我毁灭的经济"[1]。对于环境危机、生态恶化的问题绝不能单纯地、抽象地从自然的因素中去寻找原因，而必须从人自身来寻找原因，即生态文化的缺失。因此，解决当下的环境危机，必须要在价值观上实现变革，在全社会大力培育社会主义生态文化，把生态文明融入到文化建设之中。

首先，应大力普及生态知识，培养公众广泛的生态意识，使人们对生态环境的保护转化为自觉的行动，为生态文明的发展奠定坚实的基础。其次，应倡导生态消费，培养正确的消费理念，使人们明确奢侈、浪费观念的危害性，自觉控制自己的行为，合理节制自己的欲望。最后，应发展绿色文化事业和产业，创建绿色文化馆、绿色文化服务设施、低碳公共活动场所；扩展从事绿色文化生产、提供绿色文化服务的经营性行业，发展新型绿色文化产业，如视觉创意、动漫游戏等。

---

[1]　莱斯特·R·布朗：《生态经济：有利于地球的经济构想》，林自新等，译，东方出版社，2002年版，第5页。

4. 生态文明融入社会建设

把生态文明融入社会建设，就是要营造多元主体参与的治理新模式，让人们在积极参与生态文明建设、保护生态环境的同时，共享生态文明建设和保护生态环境的成果。

首先，政府应发挥好主导作用。必须重视政府在生态文明建设中的重要地位，依靠政府的主导作用让生态文明理念深入人心，指导经济、政治、文化和社会建设。政府各部门应落实各自职责，为生产生活方式的绿色化创造便利条件。其次，应发挥好企业的主体作用，强化其社会责任和环境责任，做到从源头上减少污染。第三，要充分发挥环保组织的力量。绿色环保组织、公益组织以及生态志愿者、环保倡议者已经覆盖了经济社会生活的方方面面，他们在生态文明建设中的地位和作用不容小觑。党和政府应给予高度重视，通过环保组织的力量提升公众环保意识、促进环保活动的开展、提供法律援助与维权、推动环保合作交流及政府企业监督等。第四，要积极引导公众参与生态文明建设。社会公众兼具多种社会角色，既是污染物的排放者，也是环境保护的参与者；既是政府和企业的监督者，同时，也是生态文明建设成果全民共享的受益者。因此，要培养公众的社会参与意识，拓宽公众参与的渠道，建立行之有效的公众参与机制。

撰稿：赵建军（中共中央党校教授、博士生导师）

第三章

生态文明建设的核心理念

美丽山村（晋翠萍　摄）

　　人类文明是一个复杂的巨系统，人们常常将其形象地比喻为一座大厦：自然是大厦的本底，本底不稳，大厦就建不起来；物质、制度、文化、社会等是大厦的主体，主体不牢，大厦就会坍塌；理念处于大厦的顶端，相当于人的大脑，它对人类文明起着思想指导、信念引领和精神支撑的作用，理念不对，大厦就会失去灵魂。因此，要大力推进生态文明建设，首先必须树立和践行生态文明的核心理念，其中包括人与自然和谐共生的理念、绿水青山就是金山银山的理念、保护和改善生态环境就是保护和发展生产力的理念、新发展理念、社会主义生态文明观等。

一、人与自然和谐共生理念

　　人与自然和谐共生，是新时代建设中国特色社会主义的基本方略，也是建设生态文明的核心理念。习近平总书记指出："坚持人与自然和谐共生，建设生态文明，是中华民族永续发展的千年大计。必须树立和践行绿水青山就是金山银山的理念，坚持节约资源和保护环境的基本国策，像对待生命一样对待生态环境，统筹山水林田湖草系统治理，实行最严格的生态环境保护制度，形成绿色发展方式和生活方式，坚定走生产发展、生活富裕、生态良好的文明发展道路，建设美丽中国，为人民创造良好生产生活环境，为全球生态安全作出贡献。"

　　人与自然和谐共生的理论依据是，人与自然是生命共同体，是相互依存相互作用不可分割的有机整体。2015 年，习近平总书记在联合国气候变化巴黎大会上提出建设"人类命运共同体"观念。他说："我衷心希望国际社会共同努力，多一份和平，多一份合作，变对抗为合作，化干戈为玉帛，共同构建各国人民共有共享的人类命运共同体。"

　　人与自然和谐共生理念是对中国哲学和中国文化优良传统的继承和发展。正所谓"和而不同"，以和为贵，追求太和、中和、保和，"和"是中国优秀传统文化的精髓。继承和发展中国优秀传统文化，坚持人与自然和谐共生，既是中国特色社会主义本质属性的体现，也是建设中国特色的社会主义的基本方略和对策，既是指导中国道路的中国智慧的传承和发展，也是马克思主义的历史观和价值观中国化的体现。

大美芜湖（晋翠萍 摄）

人与自然和谐是生态学的基本观点。"人—社会—自然"复合生态系统，是人和植物、动物、微生物与环境构成相互作用相互依存的完整共生的和谐系统。这是一个共生共存的完整和谐的家。"和"是地球生命存在的自然状态，是生存发展的基本规律，是存在和进化的目标。人与自然的关系本质上是一种合作共生、和谐共生的关系，互利互惠相互依赖不可分割的关系。人与自然关系的正常状态、本质和规律是和谐共生。它的运动方向或目标是共生、共荣和共同进化。

人类社会的历史告诉我们，人与自然生态和谐，人与人社会和谐，"和"应该是社会历史、人与自然历史的常态，人民安居乐业是合乎规律的。

人与自然和谐共生是建设生态文明，实现中华民族永续发展的根本保障。习近平总书记指出，生态兴则文明兴，生态衰则文明衰。人与自然和谐共生，是解决人与自然关系的最佳方案，是保护生态环境的思想基础，关系人民的根本利益和民族发展的长远利益。建设生态文明，建设美丽中国，要像对待生命一样呵护生态环境，既要创造更多物质财富和精神财富以满足人民日益增长的美好生活需要，也要提供更多优质生态产品以满足人民日益增长的优美生态环境需要。

习近平总书记指出，生态文明建设，要着力推进人与自然和谐共生。生态环境没有替代品，用之不觉，失之难寻。要树立大局观、长远观、整体观，坚持节约资源和保护环境的基本国策，像保护眼睛一样保护生态环境，像对待生命一样

畅游大阳坪（晋翠萍　摄）

风雪归途（晋翠萍　摄）

对待生态环境，推动形成绿色发展方式和生活方式。各级领导干部对保护生态环境务必坚定信念，坚决摒弃损害甚至破坏生态环境的发展模式和做法，决不能再以牺牲生态环境为代价换取一时一地的经济增长。要坚定推进绿色发展，推动自然资本大量增值，让良好生态环境成为人民生活的增长点、成为展现我国良好形象的发力点，让老百姓呼吸上新鲜的空气、喝上干净的水、吃上放心的食物、生活在宜居的环境中、切实感受到经济发展带来的实实在在的环境效益，让中华大地天更蓝、山更绿、水更清、环境更优美，走向生态文明新时代。

总之，人与自然的关系本质上是一种合作共生、和谐共生的关系，是一种互利互惠相互依赖不可分割的关系。人类开发利用自然，依赖自然界而生存，自然的力量支持人类发展，人类劳动在改变自然的同时，又要保护自然、改善自然。人与自然和谐共生既是我们的愿景，又是我们的努力方向和奋斗目标。

二、"绿水青山就是金山银山"理念

习近平总书记指出："绿水青山就是金山银山"。这是正确处理经济社会发展与生态环境保护关系，建设生态文明、建设人与自然和谐社会的科学理念。2005 年，时任浙江省委书记的习近平同志就指出："一定不要再走老路迷恋过去那种发展模式。绿水青山就是金山银山。我们过去讲既要绿水青山，也要金山银山，实际上绿水青山就是金山银山，本身，它有含金量。"良好健全的生态和环境，清新的空气，干净的水源，肥沃的土地，美丽的草原，茂密的森林，广阔富饶的海洋，丰富的矿藏……良好的生态环境，丰富充足的自然资源。这就是"绿水青山"。它是大自然的创造，是有价值的。破坏了生态，破坏了资源，就破坏了生态价值，人类就不能生存，更谈不上幸福和发展。我们全部梦想和实现梦想的基础和前提条件，就是绿水青山，它就是金山银山。

"绿水青山就是金山银山"理念的核心是正确处理经济社会发展与生态环境保护的关系。宁要绿水青山，不要金山银山。习近平总书记特别指出，对那些不顾生态环境盲目决策、造成严重后果的人，必须追究其责任，而且应该终身追究，"在生态环境保护问题上，就是要不能越雷池一步，否则就应该受到惩罚。"这是生态红线，国家生态安全的底线和生命线，全国要一体遵行，决不能逾越。习近平总书记还指出："要正确处理好经济发展同生态环境保护的关系，牢固树立保护生态环境就是保护生产力、改善生态环境就是发展生产力的理念"。并且他特别指出人们在认识和处理绿水青山和金山银山关系上经历的三个不同阶段，即：第一个阶段，用绿水青山去换金山银山，不考虑或者很少考虑环境的承载能力，一味索取资源；第二个阶段，既要金山银山，也要保住绿水青山，这时经济发展和资源匮乏、环境恶化之间的矛盾开始凸显出来，人们意识到环境是我们生存发展的根本，要留得青山在，才能有柴烧；第三个阶段，绿水青山可以源源不断地带来金山银山，绿水青山本身就是金山银山。我们种的常青树就是摇钱树，生态优势变成经济优势，形成了浑然一体、和谐统一的关系。这个阶段是一种更高的境界。

坚持和践行"绿水青山就是金山银山"的理念，就是中国发展的新境界，是中国发展理念和发展方式的深刻转变，是执政理念和执政方式的深刻变革，充分体现民生福祉论和综合治理论，引领中国发展迈向新境界。习近平总书记指出："环境治理是一个系统工程，必须作为重大民生实事紧紧抓在手上。良好生态环境是最公平的公共产品，是最普惠的民生福祉。保护生态环境，关系最广大人民的根本利益，关系子孙后代的长远利益，关系中华民族伟大复兴中国梦的实现，只有实行最严格的制度、最严密的法治，才能为生态文明建设提供可靠保障。"

习近平总书记在 2018 年元旦贺词中指出："以造福人民为最大政绩，想群众之所想，急群众之所急，让人民生活更加幸福美满。"环境就是民生，青山就是美丽，蓝天也是幸福。这告诉我们，生态环境保护是功在当代、利在千秋的事业，建设生态文明是关系人民福祉、关乎民族未来的大计，是全面建成小康社会的题中应有之义，对于实现中华民族伟大复兴不可或缺。习近平总书记强调："要把这个蓝图变为现实，必须不施于空想，不骛于虚声，一步一个脚印，踏踏实实干好工作"。树立和践行"绿水青山就是金山银山"的理念，有利于人们积极投身到美丽中国建设的壮丽事业中去，通过自身的努力让天更蓝、山更绿、水更清、生态环境更美好，携手走进社会主义生态文明新时代。

三、保护和改善生态环境就是保护和发展生产力理念

保护和改善生态环境就是保护和发展生产力理念，是建设生态文明的核心理念。2013 年 4 月 10 日，习近平总书记在海南考察时指出："纵观世界发展史，保护生态环境就是保护生产力，改善生态环境就是发展生产力。良好生态环境是最公平的公共产品，是最普惠的民生福祉。"2016 年 5 月 23 日，习近平总书记在黑龙江省伊春市考察调研时又指出："生态就是资源、生态就是生产力。我国生态资源总体不占优势，对现有生态资源保护具有战略意义"，"要按照绿水青山就是金山银山、冰天雪地也是金山银山的思路，摸索接续产业发展路子"，"要按照生态就是资源、生态就是生产力思路，摸索森林产业发展路子。"

生态是生产力，这是新的生产力理论。生态环境是经济社会发展的基础，绿水青山可以产生巨大的生态效益、经济效益和社会效益。习近平总书记指出，我们在生态环境问题方面欠账太多了，如果不从现在赶快就把这项工作抓紧起来，将会付出更大的代价。经济发展、GDP 数字的加大，不是我们追求的全部，我们还要注重社会进步、文明兴盛的指标，特别是人文指标、资源指标、环境指标。

皖南秋色（晋翠萍 拍摄于安徽黟县）

我们不仅要为今天的发展努力，更要为明天的发展负责，为今后的发展提供良好的基础和可以永续利用的资源和环境。

遵循生态是生产力的理论，实施主体功能区战略，是加强生态环境保护的有效途径。严格实施主体功能区划，按照优化开发、重点开发、限制开发、禁止开发的主体功能定位，在重要生态功能区、陆地和海洋生态环境敏感区、脆弱区，划定并严守生态红线，构建科学合理的城镇化推进格局、农业发展格局、生态安全格局，保障国家和区域生态安全，提高生态服务功能。

生态就是生产力的理念，超越现代经济学理论，是对生产力理论的重大发展。现代经济学定义"生产力"即社会生产力，即人类劳动生产力，这是不全面的。生态生产力理论的提出，是经济学的重大进步。

生态生产力，是自然物质生产力。它是由自然物质运动推动的。生态是资源，是自然物质生产过程创造的。地球上各种生态系统和生活其中的生物物种；丰富的地下资源，各种金属和非金属矿床；干净的空气；清洁的水源；肥沃的土壤和农田；茂密的森林和绿色的草原；辽阔富饶的海洋、河流、湖泊和湿地等等，它们是生态生产力的创造。社会生产力在自然物质生产力的基础上运行；文化价值在自然价值和生态价值的基础上创造。没有生态生产力，没有生态价值，人类什么都不能创造。

习近平关于生态就是资源，破坏生态就是破坏生产力，破坏生态就是破坏价值，这一科学论断，是经济学转变的重大基础理论。生态价值的确认是经济学的重大进步。人类在生态价值的基础上创造文化价值，当过度透支生态价值，破坏生态价值时，严重的生态危机就会对人类持续生存提出挑战。它警示我们，一定要承认生态价值，保护生态价值。正是基于这一认识，党的十八大提出要深化资源性产品价格和税费改革，建立反映市场供求和资源稀缺程度、体现生态价值和代际补偿的资源有偿使用制度和生态补偿制度。

阳光和煦（晋翠萍　拍摄于新疆）

秋见万年积雪（晋翠萍　拍摄于新疆）

总之，依据新的生产力理论，就要树立尊重自然、顺应自然、保护自然的理念，发展和保护相统一的理念，绿水青山就是金山银山的理念，自然价值和自然资本的理念，空间均衡的理念，山水林田湖草是一个生命共同体的理念，坚持生态文明体制改革的正确方向，坚持自然资源资产的公共性质，坚持城乡环境治理体系统一，坚持激励和约束并举的实践。这既是推动经济学进步，又为建设生态文明奠定了科学的理论基础。

四、新发展理念

新发展理念，是新时代建设中国特色社会主义的发展观。2015 年，习近平总书记在十八届五中全会指出：为了实现"十三五"时期发展目标，破解发展难题，厚植发展优势，必须牢固树立并切实贯彻创新、协调、绿色、开放、共享的发展理念。这就是新发展理念。

关于新发展理念的性质，习近平总书记指出，新发展理念是指挥棒、红绿灯，全党要把思想和行动统一到新发展理念上来，努力提高统筹贯彻新发展理念的能力和水平，对不适应、不适合甚至违背新发展理念的认识要立即调整，对

田间地头（晋翠萍　摄）

生态和谐（刘俊　拍摄于山西省管涔山国家森林公园）

不适应、不适合甚至违背新发展理念的行为要坚决纠正，对不适应、不适合甚至违背新发展理念的做法要彻底摒弃。新发展理念是管全局、管根本、管长远的导向，具有战略性、纲领性、引领性。这是我国发展全局的一场深刻变革。

创新、协调、绿色、开放、共享的发展理念是相互贯通，相互促进，具有内在联系的集合体，要统一贯彻，不能顾此失彼，也不能相互替代。哪一个要点贯彻不到位，发展进程都会受到影响。落实新发展理念，这是关系我国发展全局的一场深刻变革，全党同志一定要提高统一贯彻新发展理念的能力和水平，不断开拓发展新境界。

新发展理念的提出，表明我国发展已经进入新阶段。我国经济已由高速增长阶段转向高质量发展阶段，正处在转变发展方式、优化经济结构、转换增长动力的攻关期，建设现代化经济体系是跨越关口的迫切要求和我国发展的战略目标。

新发展理念以创新发展为第一动力。创新是引领发展的第一动力，也是转向高质量发展的第一动力，居于国家发展全局的首要位置。不断推进理论创新、制度创新、科技创新、文化创新等各方面创新，让创新成为建设现代化经济体系的战略支撑。坚持创新发展，把创新摆在国家发展全局的核心位置，让创新贯穿国家一切工作，让创新在全社会蔚然成风。这就抓住了牵动经济社会发展全局的"牛鼻子"。

新发展理念以协调发展为内在要求。我国经济持续发展从高速度转向高质量发展，要将协调发展贯穿于发展各方面和全过程。协调是它的内在要求。协调既是发展手段又是发展目标，同时还是评价发展的标准和尺度，是发展两点论和重点论的统一；既要着力破解难题、补齐短板，又要考虑巩固和厚植原有优势，两方面相辅相成、相得益彰，才能实现高水平发展。协调发展，注重解决发展不平

写意关帝山（刘俊 拍摄于山西省关帝山国家森林公园）

衡问题，正确处理发展中的重大关系，重点促进城乡区域协调发展，促进经济社会协调发展，促进新型工业化、信息化、城镇化、农业现代化同步发展，在增强国家硬实力的同时注重提升国家软实力，不断增强发展整体性。

新发展理念以推进绿色发展为根本途径。绿色发展注重解决人与自然和谐问题，促进人与自然和谐共生，建设美丽中国。人类发展必须尊重自然，否则就会遭到大自然的报复，这个规律谁也无法抗拒，对自然的伤害最终会伤及人类自身。习近平总书记指出："要全面推动绿色发展。绿色发展是构建高质量现代化经济体系的必然要求，是解决污染问题的根本之策。重点是调整经济结构和能源结构，优化国土空间开发布局，调整区域流域产业布局，培育壮大节能环保产业、清洁生产产业、清洁能源产业，推进资源全面节约和循环利用，实现生产系统和生活系统循环链接，倡导简约适度、绿色低碳的生活方式，反对奢侈浪费和不合理消费。"

新发展理念以开放发展为必由之路。改革开放是我们的法宝，是当代中国发展进步的必由之路。开放发展，需要丰富对外开放内涵，提高对外开放水平，协同推进战略互信、经贸合作、人文交流，努力形成深度融合的互利合作格局，注重解决发展内外联动的问题。习近平总书记强调："我们坚定不移奉行互利共赢的开放战略，继续从世界汲取发展动力，也让中国发展更好惠及世界。牢固树立开放发展理念，加强同世界各国特别是周边邻国的合作，才能期待同各国分享发展机遇，共创亚洲和世界的美好未来。"

新发展理念以共享发展成果为根本目标。国家繁荣发展以人民共享为目标。这是中国特色社会主义的本质要求。共享发展，注重的是解决社会公平正义问题，按照人人参与、人人尽力、人人享有的要求，保障基本民生，实现全体人民共同迈入全面小康社会。发展为了人民、发展依靠人民、发展成果由人民共享。

五、社会主义生态文明观

社会主义生态文明观，是建设中国特色的社会主义的基本观念。2012 年，党的十八大就"大力推进生态文明建设"作出全面部署，并将生态文明建设深刻融入经济建设、政治建设、文化建设和社会建设"五位一体"的总体战略。这是践行社会主义生态文明观的伟大实践。

2018 年 5 月，习近平总书记在全国生态环境保护大会上深刻阐述了生态文明建设的基本原则。他说："新时代推进生态文明建设，必须坚持好以下原则。一是坚持人与自然和谐共生，坚持节约优先、保护优先、自然恢复为主的方针，像保护眼睛一样保护生态环境，像对待生命一样对待生态环境，让自然生态美景永驻人间，还自然以宁静、和谐、美丽。二是绿水青山就是金山银山，贯彻创新、协调、绿色、开放、共享的发展理念，加快形成节约资源和保护环境的空间格局、产业结构、生产方式、生活方式，给自然生态留下休养生息的时间和空间。三是良好生态环境是最普惠的民生福祉，坚持生态惠民、生态利民、生态为民，重点解决损害群众健康的突出环境问题，不断满足人民日益增长的优美生态环境需要。四是山水林田湖草是生命共同体，要统筹兼顾、整体施策、多措并举，全方位、全地域、全过程开展生态文明建设。五是用最严格制度最严密法治保护生

草原（李跃进　摄）

态环境，加快制度创新，强化制度执行，让制度成为刚性的约束和不可触碰的高压线。六是共谋全球生态文明建设，深度参与全球环境治理，形成世界环境保护和可持续发展的解决方案，引导应对气候变化国际合作。"这里所说的六项基本原则也就是社会主义生态文明观的六个根本观点。

社会主义生态文明观是科学的历史观。习近平总书记指出，生态环境是人类生存最为基础的条件，是持续发展最为重要的基石。无论从世界还是从中华民族的文明历史看，生态环境的变化直接影响文明的兴衰演替。生态文明建设是中华民族永续发展的千年大计。必须坚持节约资源和保护环境的基本国策，像对待生命一样对待生态环境，为中华民族永续发展留下根基，为子孙后代留下天蓝、地绿、水净的美好家园。

社会主义生态文明观是绿色发展观。习近平总书记关于"绿水青山就是金山银山"的科学论断，深刻揭示经济发展与环境保护的关系，是实现经济发展与环境保护统一、相互促进、协调共生的方法论。保护生态环境就是保护自然价值和增值自然资本，就是保护经济社会发展潜力和后劲。要坚持节约优先、保护优先、自然恢复为主的方针，树立绿色发展理念，推动形成人与自然和谐发展现代化建设新格局，推动形成绿色发展方式和生活方式。

社会主义生态文明观是生态系统整体观。生态是统一的自然系统，山水林田湖草是一个生命共同体。人的命脉在田，田的命脉在水，水的命脉在山，山的命脉在土，土的命脉在树和草。必须按照生态系统的整体性、系统性及内在规律，

红军长征过草地的若尔盖湿地草原（刘俊　摄）

勐海星火山热带雨林（邵维玺　摄）

统筹考虑自然生态各要素、山上山下、地上地下、陆地海洋以及流域上下游，进行整体保护、宏观管控、综合治理，增强生态系统循环能力，维护生态平衡。

社会主义生态文明观是普惠民生观。习近平总书记强调，环境就是民生，青山就是美丽，蓝天也是幸福。人民群众的需要是多样化多层次多方面的，期盼享有更优美的生态环境。必须坚持以人民为中心的发展思想，坚决打好污染防治攻坚战，增加优质生态产品供给，以满足人民日益增长的良好优美生态环境新期待，提升人民群众获得感、幸福感和安全感。

社会主义生态文明观是严格的法治观。只有实行最严格的制度、最严明的法治，才能为生态文明建设提供可靠保障。在生态环境保护问题上，就是不能越雷池一步，否则就应该受到惩罚。必须按照源头严防、过程严管、后果严惩的思路，构建产权清晰、多元参与、激励约束并重、系统完整的生态文明制度体系，建立有效的约束开发行为和促进绿色发展、循环发展、低碳发展的生态文明法律体系，发挥制度和法制的引导、规制功能，为生态文明建设提供体制机制保障。

社会主义生态文明观是建设人类命运共同体的全球共赢观。人类是命运共同体，建设绿色家园是全人类共同的梦想。生态危机、环境危机成为全球挑战，没有哪个国家可以置身事外，独善其身。国际社会应该携手同行，构筑尊崇自然、绿色发展的生态体系，共谋全球生态文明建设之路，共同保护人类赖以生存的地球家园。建设生态文明，既是作为最大发展中国家中国可持续发展的有效实践，也是为全球生态安全作出新贡献。

撰稿：余谋昌（中国社会科学院研究员、博士生导师）

第四章

生态文明建设的
基本任务

下雨崩村（杨旭东　摄）

　　生态文明既是人与自然和谐共生、良性循环的一种文明状态，也是一个建设过程。生态文明建设的实质就是要从我国基本国情和社会发展阶段的基本特征出发，树立和践行绿水青山就是金山银山的理念，以资源环境承载力为基础、以自然规律为准则、以可持续发展为目标，推动形成人与自然和谐发展现代化建设新格局，建设美丽中国，建设社会主义和谐社会和资源节约型、环境友好型社会。

　　党的十八大报告、党的十九大报告和党中央国务院的相关文件均对生态文明建设的基本任务提出了明确要求。党的十八大报告提出了生态文明建设的四个领域：空间布局、资源节约、生态建设和环境保护、制度安排。党中央国务院发布的《关于加快推进生态文明建设的意见》，要求大力推进绿色发展、循环发展、低碳发展，协同推进新型工业化、信息化、城镇化、农业现代化和绿色化，把生态文明建设放在突出位置，融入经济、政治、文化、社会建设各方面和全过程，优化国土空间开发格局，全面促进资源节约利用，加大生态环境保护力度，弘扬生态文化，倡导绿色生活，加快建设美丽中国，实现中华民族永续发展。党的十九大报告要求我们树立和践行绿水青山就是金山银山的理念，坚持节约资源和保护环境的基本国策，像对待生命一样对待生态环境，统筹山水林田湖草系统治理，实行最严格的生态环境保护制度，形成绿色发展方式和生活方式，坚定走生产发展、生活富裕、生态良好的文明发展道路，建设美丽中国，为人民创造良好生产生活环境，为全球生态安全作出贡献。

　　总的说来，我国生态文明建设的基本任务有以下五个方面。

一、优化国土空间开发格局，统筹城乡一体化发展

　　国土是中华民族繁衍生息、永续发展的家园，也是生态文明建设的空间载体。城市是人类文明的标志，是生产和消费集中地。城镇化是人的聚集过程、产业结构的优化过程、消费品的升级过程。满足市民吃饭需求要大量农田长庄稼；满足居民生活需求要供电、供气、供水；满足宜居环境需求要处理处置工业和生活废物……这些构成了城市"生态足迹"。随着城镇化由量的扩张走向质的提高，必须转变发展方式。今天的发展不能以破坏环境为代价，还要为未来发展奠定基础、创造条件。

祥和（刘俊　拍摄于山西省芦芽山国家级自然保护区）　青海可可西里阳光下的藏羚羊，2010年的第一缕阳光把这群小藏羚羊染成了金色（奚志农　摄）

　　根据资源环境承载能力构建科学合理的城镇布局，严格控制特大城市规模，增强中小城市承载力，促进大中小城市和小城镇协调发展。合理规划城市功能分区，合理布局生产生活生态空间，统筹推进生产、生活、生态融合共生，减少对自然生态系统的干扰；保护自然景观，保持特色风貌，传承历史文化，防止"千城一面"。按照人口资源环境相均衡、经济社会生态效益相统一原则，构建科学的城市化格局、农业发展格局、生态安全格局、海岸线格局，实现生产空间节约高效，生活空间宜居适度，生态空间山清水秀。加强海洋资源科学开发和环境保护，对于我们拓展发展空间、维护国家海洋权益意义重大。

　　坚持以人为本、绿色低碳发展原则，推动城市由单中心向多中心延展，城乡建设由规划变得快、功能分区乱、形象工程多、使用寿命短向规划适度超前、功能分区合理、设施配套齐全、建筑物经久耐用转变。要实现国民经济、城乡建设、土地利用、环境保护等的"多规合一"，形成一个地区一个规划、一张蓝图，而且要"一张蓝图干到底"。

　　提高基础设施建设水平。发展绿色建筑，尽可能利用自然通风采光，限制不节能的"形象工程"。应修订建筑物使用寿命标准，在不影响居民生活的前提下，尽可能降低建筑物能耗和温室气体排放强度。加快建设绿色低碳交通体系。建设以轨道交通为干线、公共汽车为衔接、自行车和人行道相配套的道路体系，实行交通运输现代化、智能化、科学化管理，减少运输工具的空驶率；推广新能源汽车，鼓励公众使用城铁（地铁）、公共汽车、共享单车等高效利用能源资源、少排放污染物、有益健康的出行方式，减少不必要出行。

　　加强城市环境管理。加大地下综合廊道建设力度，减少"拉链马路"现象；建设雨污分流、雨水利用系统，建成"海绵城市"；尽可能将建筑物与自然景观融为一体，为居民留下逛街、购物、娱乐、锻炼空间；提高环保设施建设、运行

京北湿地——闪电河（康成福　摄）

和管理水平。建设数字城市，发展新一代通信网络、物联网、大数据、云计算、人工智能、工业互联网等信息技术产业。维护城乡规划的权威性和严肃性，还自然以和谐、宁静、美丽。

加快美丽乡村建设。制定并实施乡村振兴战略，并将特色小镇、田园综合体等丰富多彩的形态加以集成。大力发展农业循环经济，推广种—养—加、猪—沼—果等模式，提升农产品质量和附加值。推广农村垃圾户分类、村收集、镇运输、县处理运作模式；利用生态措施治理农村分散污水。加强农村饮用水工程、公路、沼气、电网和危房改造等项工作。在文化、教育、医疗卫生和社会保障等方面，建立公共财政保障的基本制度框架，并逐步纳入城镇社会保障体系和住房保障体系；推动资金、技术、人才等要素进入农村，培育乡村振兴的"永久牌"带头人，促进农村劳动力转移就业，形成以工带农、以城带乡的协调发展格局。

二、以创新驱动和结构调整为抓手，促进高质量绿色发展

以实体经济为重点，以绿色、协调、开放、共享为内涵，以创新为驱动力，以满足群众日益增长的美好生活需要为目标，以要素投入少、资源配置效率高、资源环境成本低、经济社会效益好为特征，推动高质量发展。工业发展创造了满足居民衣食住行需求的供应，城镇化创造了经济发展需求；以尽可能少的资源能

彩田（韩杰 摄）

源消耗和污染物排放完成工业化和城镇化的历史任务，是我国不得不经历的发展阶段，也是迈向绿色发展、高质量发展、经济社会可持续发展的必由之路。

建立以产业生态化和生态产业化为主体的生态经济体系。产业绿色化，包括"传统工业绿色化"和"发展绿色产业"两个方面。

传统工业绿色化，可以从产业布局、结构调整、全生命周期的资源环境管理、技术进步与创新，以及激励和约束机制等方面动脑筋、下力气，实施品牌战略，发展生产性服务业，以降低产品的资源重量和污染物排放强度。

发展绿色产业，本质是产业结构调整和转型升级，不仅能顺应国际潮流，也能缓解资源环境约束。

一要推进供给侧结构性改革，调整经济结构、产品结构、能源结构，化解产能严重过剩矛盾。要开展生态设计，在生产和消费过程中，推进减材、去毒、降碳。依靠科技进步和创新驱动，采用先进适用节能低碳环保技术改造提升传统产业，严禁核准产能严重过剩行业新增产能；实施品牌战略，提高产品科技含量和附加值；大力发展生产性服务业，禁止落后产能向中西部地区转移带来污染转移。推动传统能源安全绿色开发和清洁低碳利用，发展清洁能源、可再生能源，提高非化石能源在能源消费中的比重。

二要推动战略性新兴产业健康发展。培育壮大节能环保产业、清洁生产产业、清洁能源产业，实现生态产业化；尽可能降低单位产品的资源消耗和污染物排放强度。规范节能环保市场，加快核电、风电、光伏发电等新材料、新装备的研发和推广，发展分布式能源，建设智能电网，加快发展新能源汽车等，多渠道引导社会资金投入，加强配套基础设施建设和推广普及力度。鼓励优势产业走出去，提升参与国际分工的水平。

三要大力发展有机农业、生态农业，保障食品安全。以乡村振兴战略实施为总抓手，以农业农村可持续发展为基础，发展特色农业，延伸价值链，推动种养加融合，推动一二三产业协同发展，形成"一村一品"发展格局，把中国人的饭碗牢牢端在自己的手中，实现农业强、农村美、农民富的有机统一。发展木材培育、木本粮油和特色经济林、森林旅游、林下经济、竹产业、花卉苗木、沙产业

洋芋花（赵渝 摄）

小普陀（余国勇 摄）

等。创建森林城市、森林乡镇、森林村庄；大力发展森林公园、湿地公园和自然保护区，让公路线、铁路线变成绿化线、风景线；建设绿色矿山，让越来越多的矿区变成绿色矿区、生态矿区、美丽矿区。

优化产业布局可以收到节能减排之效。工业园区是产业集聚空间，驱动力是靠近原料（如矿产富集区的资源型城市）、靠近市场或靠近企业（即企业"扎堆"），以降低运输成本或进行配套生产。企业集群可以是自发的，如浙江义乌的小商品市场和"前店后厂"；也可以是规划的。一些地方的工业园区，圈了地、建了厂房，就是没有生产线，需要盘活。

对那些"生态环境好、经济欠发达"的地区而言，必须在自然资源承载力和生态容量内发展经济，在发展中保护，在保护中发展，发展富民的旅游产业，形成新业态。大力发展生态旅游，让游人形成"除了照片什么也不要带走，除了脚印什么也不要留下"的好习惯。利用林区负氧离子多、一些地区有好水等资源特点，积极发展养生、养老等产业。发展林下经济，开发有机农业和生态产品，延伸产业链，提高产品附加值，使民生得到不断改善。

依靠创新驱动。科学技术是经济提质增效、加快生态文明建设的重要驱动力。一是深化科技体制改革，建立符合生态文明建设领域科研活动特点的管理制度和运行机制，释放改革红利，激发不同创新主体的积极性和创造性。二是开展科技攻关。加强能源节约、资源循环利用、新能源开发、污染防治、生态修复等领域关键技术攻关，在基础研究和前沿技术研发方面取得新突破。强化企业技术创新主体地位，充分发挥市场对绿色发展方向和技术路线选择的决定性作用。加强生态文明基础研究、试验研发、工程应用和市场服务等科技人才队伍建设。三

红桦（刘俊　拍摄于山西省关帝山国有林区）

是完善创新体系，提高综合集成创新能力，加强工艺创新与试验，形成以企业为主体、产学研用一体的国家创新体系。完善科技创新成果转化机制，促进科技成果转化。

三、促进资源节约循环高效使用，推动利用方式根本转变

土地、水、能源、矿产、森林、海洋等自然资源是生态文明建设的物质基础。节约资源是保护生态环境的根本之策。坚持节约优先、保护优先、自然恢复为主原则，是推进生态文明建设的基本政策和根本方针，也是制定经济社会政策、编制各类规划、推动各项工作必须遵循的基本原则和根本遵循。要推进全社会节能减排，大力节约集约利用资源，推动资源利用方式根本转变；在生产、流通、消费各环节大力发展循环经济，推动各类资源节约高效利用，以尽可能少的资源能源消耗和污染物排放支撑经济社会持续健康发展。

加强资源节约。节约集约利用水、土地、矿产等自然资源，加强全过程节约管理，大幅降低资源消耗强度。一是建设节水型社会。实施国家节水行动，加强用水需求管理，实现用水总量和强度"双控制"，抑制不合理用水需求。推广使用高效节水技术、设备、工艺和产品，使用高效节能设备，发展节水农业；加强城市节水，控制管网"跑冒滴漏"，推进企业节水改造；开发利用再生水、矿井水、空中云水、海水等非常规水源，提高水资源安全保障水平。二是集约用地。加强土地利用规划管控、市场调节、标准控制和考核监管，严格土地用途管制，

2019 年丽江东巴大峡谷（邵维玺　拍摄于金沙江鲁地拉库区）

推广应用节地技术和模式。三是矿产资源节约。开展共伴生矿综合开发，促进矿产资源高效利用，以资源的可持续利用支撑经济社会的可持续发展。

推进节能减排。节能减排是生态文明建设的主战场、主阵地，要发挥节能与减排的协同效应，盯住重点企业、实施重大工程、加强监督管理，全面推动工业、建筑、交通运输、公共机构、农业农村等领域节能减排。工业领域，开展重点用能单位节能低碳行动，实施重点产业能效提升计划。建筑领域，严格执行建筑节能标准，加快推进既有建筑节能和供热计量改造，大力推广可再生能源在建筑上的应用，鼓励建筑工业化等建设模式。交通运输领域，优先发展公共交通，推广节能与新能源交通运输装备，发展甩挂运输。

发展循环经济。要按照减量化、再利用、资源化原则，建立循环型工业、农业、服务业产业体系，实现生产系统和生活系统内部和之间的循环链接。一是在采矿中对共生矿、伴生矿等进行综合开发，最大限度地把废物转为可利用的资源；重视产品的循环，尽可能使产品经久耐用；重视服务的延伸，通过设备、仓储等的共享提高资源效率。二是完善回收体系。开发利用电子废弃物等"城市矿产"，推进秸秆等农林废弃物、建筑垃圾、餐厨废弃物资源化利用；实行垃圾分类回收，发展再制造和再生利用产品，鼓励纺织品、汽车轮胎等废旧物品回收利用。加快发展互联网＋废物回收，加强"两网融合"，大幅降低废弃物回收成本。三是推进煤矸石、矿渣等大宗固废的综合利用，利用煤矸石发电和生产建材产品。四是组织开展循环经济示范行动，大力推广循环经济典型模式，推进产业循环式组合，促进生产和生活系统的循环链接，构建覆盖全社会的循环利用体系，实现"四倍跃进"乃至更高跃进，这也是十九大提出的效率变革要求。

四、加大生态建设和环境保护力度，切实改善生态环境质量

党的十八大以来，以习近平同志为核心的党中央，统筹推进"五位一体"总体布局和协调推进"四个全面"战略布局，全力推进大气、水、土壤污染防治，污染治理力度之大、制度出台频度之密、监管执法尺度之严、环境质量改善速度之快，前所未有。

生态文明"四梁八柱"制度逐步筑牢。党的十八大以来，党中央、国务院印发了《关于加快推进生态文明建设的意见》《生态文明体制改革总体方案》，成为生态文明建设的基本遵循。法规不断完善。《中华人民共和国环境保护法》《中华人民共和国大气污染防治法》《放射性废物安全管理条例》《环境空气质量标准》等完成制修订，增加按日连续计罚等规定"长出了牙齿"。生态保护红

线战略开始实施，生态文明建设目标评价考核办法颁布；河长制、湖长制及"湾长制"相继推出，为每一条河、每一个湖、每个海湾明确了"管家"。生态环境损害责任追究办法出台，以破解生态环境的"公地悲剧"。全社会法治观念和意识不断加强，忽视环境保护的倾向得到扭转。

习近平总书记在 2018 年 5 月的全国生态环境保护大会上指出，我国生态环境质量持续好转，出现了稳中向好趋势，但成效并不稳固。生态文明建设正处于压力叠加、负重前行的关键期，进入提供更多优质生态产品以满足人民日益增长的优美生态环境需要的攻坚期，也到了有条件有能力解决生态环境突出问题的窗口期。当前，我国多领域、多类型、多层面的环境问题累积叠加，传统煤烟型污染与臭氧、细颗粒物（PM$_{2.5}$）、挥发性有机物等新老环境问题并存，生产与生活、城市与农村、工业与交通污染交织，污染治理进入边际效应递减的阶段。劳动密集、污染密集型企业向中西部、城乡接合部、农村转移，出现东部地区环境治理取得成效、中西部地区开始恶化，城市环境治理取得成效、乡村污染加剧的趋势；梯度发展格局，也加大了统筹治理环境污染难度。

坚决打赢蓝天保卫战。实施打赢蓝天保卫战三年作战计划，明显降低细颗粒物 PM$_{2.5}$ 浓度，明显减少重污染天数，明显改善大气环境质量，明显增强人民的蓝天幸福感。重点防控污染因子是 PM$_{2.5}$；重点区域是京津冀及周边、长三角和汾渭平原，重中之重是北京市；重点时段是秋冬季和初春；重点行业和领域是钢铁、火电、建材等行业，"污染型"企业、散煤、柴油货车、扬尘治理等领域。以散煤清洁化替代为重点，优化能源结构；以公路转铁路和柴油货车治理为重点，

夕照林海（刘俊　拍摄于伊春市国有林区境内）

优化运输结构；以绿化和扬尘综合整治为重点，优化用地结构。

着力打好碧水保卫战。深入实施新修改的水污染防治法，落实水污染防治行动计划。深入推进集中式饮用水水源保护区划定和规范化建设，打好城市黑臭水体歼灭战。重点落实长江经济带共抓大保护、不搞大开发，加强江河湖库和近岸海域水生态保护。全面整治农村环境，加强农业面源污染防治，使水变清。

扎实推进净土保卫战。以重金属污染突出区域农用地以及拟开发为居住和商业等公共设施的污染地块为重点，强化土壤污染风险管控，保障农产品质量和人居环境安全。强化固体废物污染防治，推进垃圾分类处置，实现固体废物等"洋垃圾"基本零进口。提高危险废物处置能力和相关机构规范化运营水平，实施危险废物收集运输处置全过程监管。

生态系统保护修复。一是建设形成以青藏高原、黄土高原—川滇、东北森林带、北方防沙带、南方丘陵山地带、近岸近海生态区以及大江大河重要水系为骨架，以其他重点生态功能区为重要支撑，以禁止开发区域为重要组成的生态安全战略格局。二是实施重大生态修复工程。扩大森林、湖泊、湿地面积，提高沙区、草原植被覆盖率。运用自然修复能力，建设和保护森林、湿地、草原等生态系统。推进防沙治沙、水土流失治理。加强水土保持，推进小流域综合治理。实施生物多样性保护工程，有效防范物种资源丧失和外来物种入侵。建立国家公园体制，对重要生态系统和物种资源实施强制性保护。三是贯彻山水林田湖草系统治理思想，加快水利工程建设，健全灾害预警和防治系统，减少各种自然灾害对人民生命财产造成损失。

大漠胡杨，内蒙古额济纳旗弱水河畔（刘俊　摄）

心旷神怡（刘俊　摄于海南省尖岭国家森林公园）

　　将环保产业与循环经济有机结合起来。例如，可将城市污水处理—中水利用—污泥产生沼气等联系起来，也可将垃圾处理—餐厨垃圾资源化利用—河道清淤—生物质发电等产业联系起来，形成环保—新能源一体化的产业链，实现经济效益、社会效益和环境效益的有机统一。

　　积极应对全球气候变化。坚持当前长远相互兼顾、减缓适应全面推进，通过试点示范探索低碳发展道路，树立负责任大国形象。一是控制温室气体排放。通过优化能源结构，节约能源和提高能效，增加森林、草原、湿地、海洋碳汇等手段，有效控制二氧化碳、甲烷、氢氟碳化物、全氟碳化、六氟化硫等温室气体排放。二是提高适应能力。加强监测、预警和预防，提高农业、林业、水资源等重点领域和生态脆弱区适应气候变化的水平。三是推动低碳发展试点。推进低碳省区、城市、城镇、产业园区、社区试点，努力建设低碳型社会；推进全国碳市场的发展，降低降碳成本。四是参与国际谈判。积极建设性地参与应对气候变化国际谈判，推动建立公平合理的全球应对气候变化格局，携手共建生态良好的地球美好家园。

五、加快制度建设，形成生态文明建设的良好社会风尚

　　制度是生态文明建设的保证。要增强党政领导的政治责任感和历史使命感，坚持一切从实际出发，标本兼治、突出治本、攻坚克难，防止急功近利、做表面文章；充分发挥公众的积极性、主动性、创造性，凝聚民心、集中民智、汇集民力，实现生活方式绿色化，确保生态文明建设各项目标和任务的顺利完成。

　　建成政府、企业和公众参与的治理结构，实现生态环境治理能力现代化。政

晨曦森林（刘俊　拍摄于山西省关帝山国有林区）

府应当创造一个人人守法、自觉治理污染和保护环境的社会氛围。加快建立健全以生态价值观念为准则的生态文化体系，开发生态文化产品，积极培育生态文化、生态道德，使生态文明成为社会主义核心价值观的重要内容，成为社会的主流价值观。

提高全民生态文明意识。大力开展生态文明宣传教育和培训，提高公众参与生态文明建设的能力。充分发挥新闻媒体作用，树立理性、积极的舆论导向。倡导绿色消费理念，树立和倡导简约适度、绿色低碳生活方式。开展反对浪费、厉行节约行动。开展节约型机关、绿色家庭、绿色学校、绿色社区和绿色出行等行动。推动全民在衣、食、住、行、游等方面加快向勤俭节约、绿色低碳、文明健康的方式转变。促进民间环保组织的健康发展，提升民间社会组织的积极作用，形成人人、事事、时时崇尚生态文明的社会氛围。

只有全社会的共同参与，只有人人都守土有责，把生态文明和可持续发展理念贯彻落实到每一个人的日常生活中，咬定目标不放松，就一定能实现天蓝地绿水清的环境目标，迈进生态文明的新时代；在建设资源节约型、环境友好型社会，迈向"两个百年"的进程中，实现中华民族伟大复兴中国梦。

撰稿：周宏春（国务院发展研究中心研究员）

第五章

生态文明建设的
制度保障

高山之巅（许兆超 摄）

生态文明制度是生态文明建设的指导性、规范性和约束性的行动准则和行为规范的体系化安排的总和。党的十八大以来，以习近平同志为核心的党中央高度重视生态文明制度建设。习近平同志指出，要用最严格制度最严密法治保护生态环境，要加快构建以治理体系和治理能力现代化为保障的生态文明制度体系[1]。目前，为强化制度约束作用，一定要着力建立健全自然资源资产管理制度、国土空间开发保护制度、生态环境保护管理制度、资源有偿使用制度和生态补偿制度、生态文明绩效评价制度和生态环境保护责任追究制度。

一、自然资源资产管理制度

自然资源是生产和生活所需要的物质原料的基本来源。在自然资源资产管理方面，我们应该重点建设自然资源资产产权制度、自然资源用途管理制度、自然资源资产负债表、自然资源资产离任审计制度等制度。

1. 自然资源资产产权制度

自然资源资产产权制度的核心是自然资源的所有制问题。2015 年 9 月，《生态文明体制改革总体方案》提出，必须坚持自然资源资产的公有性质，创新产权

丹霞地貌（刘俊　拍摄于甘肃省张掖市境内）

[1]　习近平：《推动我国生态文明建设迈上新台阶》，求是，2019 年第 3 期。

制度，落实所有权，区分自然资源资产所有者权利和管理者权力，合理划分中央地方事权和监管职责，保障全体人民分享全民所有自然资源资产收益。为了着力解决自然资源所有者不到位、所有权边界模糊等问题，我们必须构建归属清晰、权责明确、监管有效的自然资源资产产权制度。这样，才能在制度上保证实现生态环境正义。

2. 自然资源用途管理制度

自然资源用途管理制度是对国土空间中的自然资源，按照其资源属性、实际用途以及环境功能采取相应的管理和监督的制度。2015 年 4 月，《中共中央、国务院关于加快推进生态文明建设的意见》提出，要完善自然资源资产用途管制制度，明确各类国土空间开发、利用、保护边界，实现能源、水资源、矿产资源按质量分级、梯级利用。因此，我们需要从全局战略性的角度，对国土空间中的自然资源的用途进行定位和规划，从而进行利用价值的权衡与取舍。这样，才能切实保障国家的生态安全。

3. 自然资源资产负债表

自然资源资产负债表直接反映和衡量了一个地区在一定时期内的生态环境建设的力度。党的十八届三中全会提出，要探索编制自然资源资产负债表。自然资源资产负债表，是通过记录和核算自然资源资产的存量及变动情况，全面反映一定时期（时期开始至该时期结束）自然资源的变动情况，包括各经济主体对于自然资源资产的占有、使用、消耗、恢复以及增殖等情况，进而依据负债表对这一时期的自然资源资产实际数量和价值量的变化进行评价。自然资源资产负债表的基本平衡关系是：期初存量 + 本期增加量 − 本期减少量 = 期末存量。

高黎贡山火山群（杜小红　摄）

无量山樱花谷（杜小红　摄于大理南涧）
用冬樱花作为茶叶遮阴树相得宜彰，美观适用，成
为无量山一景。

大凉山谷克德湿地中 5 月粉红色杜鹃花（杨勇　摄）

4. 自然资源资产离任审计制度

　　自然资源资产离任审计主要针对领导干部在其任期内对本地区、本部门的自然资源资产事项及其相关事宜的责任和义务，依照自然资源资产负债表等相关数据标准和制度，进行自然资源资产的专项离任审计。党的十八届三中全会提出："探索编制自然资源资产负债表，对领导干部实行自然资源资产离任审计。"[1] 自然资源资产离任审计制度是指以领导干部任期内辖区自然资源资产变化状况为基础，通过审计，客观评价领导干部履行自然资源资产管理责任情况，依法界定领导干部应当承担的责任，加强审计结果运用的制度设计。

　　此外，在自然资源领域，我们还必须完善资源总量管理和全面节约制度。因此，我们要抓紧制定和修订促进资源节约使用和有效利用的法律法规，制定更加严格的节能、节材、节水、节地等各项国家标准，特别要加大资源保护和节约的执法力度，严肃查处各种破坏和浪费资源的违法违规行为。

二、国土空间开发保护制度

　　国土是生态文明建设的空间载体。党的十八届三中全会提出："坚定不移实施主体功能区制度，建立国土空间开发保护制度，严格按照主体功能区定位推动发展，建立国家公园体制。"[2] 国土空间开发保护制度指的是国土空间规划必须依照其用途进行管制，以空间规划为基础、以用途管制为基本手段，形成经济社

---

[1][2]　《中共中央关于全面深化改革若干重大问题的决定》，人民日报，2013 年 11 月 16 日第 1 版。

高山湿地（晋翠萍　拍摄于新疆）

会发展过程中开发国土空间的制度性监管，以防止和解决生态破坏和环境污染等问题。

1. 空间规划体系

空间规划体系是合理保护和有效利用国土空间的规划体系，要求通过"多规合一"的方式，保护空间资源、统筹空间要素、优化空间结构、提高空间效率、实现空间正义。党的十八届三中全会提出，要建立空间规划体系。目前，我们要构建以空间治理和空间结构优化为主要内容，全国统一、相互衔接、分级管理的空间规划体系，着力解决空间性规划重叠冲突、部门职责交叉重复、地方规划朝令夕改等问题。在这个过程中，要注重开发强度管控和主要控制线落地，加快规划立法工作。

2. 主体功能区制度

一定范围的国土空间具有多种功能，但必有一种主体功能。主体功能区制度就是要根据不同区域的自然资源禀赋、社会经济特征等要素确定其主体功能，促使各种要素布局向均衡方向发展的制度。《生态文明体制改革总体方案》提出："完善主体功能区制度，统筹国家和省级主体功能区规划，健全基于主体功能区

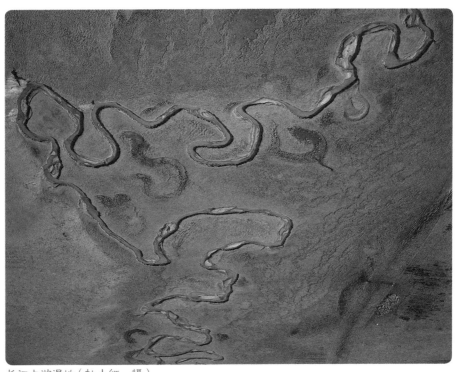

长江上游湿地（杜小红　摄）

的区域政策，根据城市化地区、农产品区、重点生态功能区的不同定位，加快调整完善财政、产业、投资、人口流动、建设用地、资源开发、环境保护等政策。"[1] 目前，从国家层面来看，要有度有序利用自然，调整优化空间结构，推动形成城市化战略格局、农业战略格局、生态安全战略格局和可持续的海洋空间开发格局。

3. 生态保护红线制度

生态保护红线制度是国土空间用途管制制度的基础和核心。2015年9月，《生态文明体制改革总体方案》提出，要将用途管制扩大到所有自然生态空间，划定并严守生态红线，严禁任意改变用途，防止不合理的开发建设活动对生态红线的破坏。生态保护红线制度指在维护国家和地区生态安全的过程中，对于提升基础生态功能、保障生态系统服务功能的可持续保障能力所划定的最小资源数量、生态容量和空间范围，涉及水源涵养、土壤保持、防风固沙、灾害防护以及生物多样性等方面的保护和服务。

---

[1]　中共中央国务院印发《生态文明体制改革总体方案》，人民日报，2015年9月22日第14版。

"醉"美皖南　（晋翠萍　摄）初冬的皖南大地，是浓墨重彩的美丽画卷。

4. 国家公园体制

国家公园是指由国家批准设立并主导管理，边界清晰，以保护具有国家代表性的大面积自然生态系统为主要目的，实现自然资源科学保护和合理利用的特定陆地或海洋区域。2017 年 9 月，中共中央办公厅、国务院办公厅印发了《建立国家公园体制总体方案》。国家公园是我国自然保护地最重要类型之一，属于全国主体功能区规划中的禁止开发区域，纳入全国生态保护红线区域管控范围，实行最严格的保护。目前，我们要建立国家公园体制，实行分级、统一管理，保护自然生态和自然文化遗产原真性、完整性。

5. 自然资源监管体制

国家对全民所有自然资源资产行使所有权并进行管理和国家对国土范围内自然资源行使监管权是不同的，前者是所有权人意义上的权利，后者是管理者意义上的权力。党的十八届三中全会提出："健全国家自然资源资产管理体制，统一行使全民所有自然资源资产所有者职责。完善自然资源监管体制，统一行使所有国土空间用途管制职责。"[1] 为统一行使全民所有自然资源资产所有者职责，统一行使所有国土空间用途管制和生态保护修复职责，着力解决自然资源所有者

---

[1]　《中共中央关于全面深化改革若干重大问题的决定》，人民日报，2013 年 11 月 16 日第 1 版。

不到位、空间规划重叠等问题，按照党的十九大和十九届三中全会的精神，将分散在各部门的有关用途管制职责，统一到了一个部门，组建了自然资源部，统一行使所有国土空间的用途管制职责。

在广义上，国土空间开发保护制度包括空间规划体系、主体功能区制度、国土空间用途管制制度、国家公园体制以及自然资源监管体制等。

三、生态环境保护管理制度

保护环境是我国的基本国策，我们要从制度上统筹生态保护和环境保护，实行最严格的生态环境保护制度。

1. 环境影响评价制度

环境影响评价是对环境质量的预断性评估，是在进行某项人为活动之前对实施该活动可能给环境质量造成的影响进行调查、预测和估价的活动，其目的是为了提出相应的处理意见和对策。《中共中央国务院关于加快推进生态文明建设的意见》和《生态文明体制改革总体方案》都强调，要建立环境影响评价制度。环境影响评价制度是指法制化、制度化了的环境影响评价活动，是国家通过立法对环境影响评价的对象、范围、内容、程序等进行规定而形成的有关环境影响评价活动的一整套规则体系。

2. 污染物排放许可制

排污许可证，是指排污单位向生态环境保护行政主管部门提出申请后，生态环境保护行政主管部门经审查发放的允许排污单位排放一定数量污染物的凭证。

芦芽山怪树林（刘俊　摄）

赤魂（涂硕　拍摄于长白山温泉地带）

云来湖畔秋更佳 （刘俊 拍摄于黑龙江省伊春市五营国家森林公园）

2018 年 6 月，《中共中央国务院关于全面加强生态环境保护坚决打好污染防治攻坚战的意见》提出，要加快推行排污许可制度。排污许可证属于生态环境保护许可证中的重要组成部分。在广义上，排污许可证制度，是指有关排污许可证的申请、审核、颁发、中止、吊销、监督管理和罚则等一系列规定的总称。

3. 最严格的环境保护制度

环境保护制度，就是在坚持环境保护基本国策的前提下，在生态环境领域内，建立有利于保护生态环境、打击污染行为的体制机制和法律法规等规则性的安排，包含环境管理、环境经济和环境法制等在内的一系列完善的制度安排。党的十九大明确提出，建设生态文明，必须实行最严格的生态环境保护制度。这里，"最严格"表明了党和政府对环境保护的决心和态度。在严峻的环境恶化形势下，必须严格划定和坚定不移地执行环境保护红线和底线，牢牢守护生态环境的阈值底线。同时，要以刚性的制度和严格的法律法规规范环境行为主体的行为活动中涉及环境污染的行为活动。

4. 生态修复（恢复）制度

生态修复（恢复）制度，主要指的是通过一定的科技手段和生态修复（恢复）工程，来修复已受损害的生态系统，使其逐渐恢复到原来的功能和状态。与此同时，生态系统自身也具有一定的自我修复能力。这样，通过自然修复和人工修复的结合，就可以使自然生态系统的功能和结构逐渐得以恢复。党的十九大进一步重申，要坚持自然恢复为主的方针，实施重要生态系统保护和修复重大工程。目前，我们必须坚持自然恢复为主的方针，加强生态保护修复，构筑生态安全屏障。

5. 耕地草原森林河流湖泊修养生息制度

党的十九大重申，健全耕地草原森林河流湖泊休养生息制度。耕地草原河湖休养生息制度，是指在尊重自然规律和兼顾我国经济社会发展需求的基础上，按

静谧的马场（刘俊　拍摄于甘肃省山丹县军马场）

照资源的自然特性和功能要求，对耕地要实行养护、退耕还林还草、休耕、轮作生产以及污染防治，在保障耕地基本生态功能的基础上兼顾粮食和农产品生产的社会功能；对草原要实行禁牧、休牧、轮牧、人工种草；对森林要加强天然林保护、退耕还林和加强森林生态建设；对河流湖泊要实行水质治理，在实现用水保障、退还合理空间、控制超采量以及保护水域生物资源等措施方面加大力度。通过建立这一制度，给资源环境以休养生息的时间和空间，才能有效恢复自然生态系统和生态空间，更好地发挥资源的生态服务功能，为建设生态文明创造适宜的自然物质条件。

6. 环境信息公开制度

环境信息公开，是指掌握环境信息的主体，根据法律规定，对相关各种环境信息进行收集、整理、加工、处理后形成一定的信息资源，通过一定的载体或形式，将其提供给需要获取相关环境信息主体的行为。党的十九大报告明确提出，必须建立健全环境信息强制性披露制度。目前，我们要重点公开环境污染防治和生态保护政策措施、实施效果，污染源监测及减排等信息，健全环保信息强制性披露制度。同时，我们要健全环境新闻发言人制度，建立环境保护网络举报平台和举报制度，健全举报、听证、舆论监督等制度。

7. 环境治理体系

建立健全环境治理体系，就是要改变传统的"企业污染—政府治理"的主体对立的环境治理管理模式，在党委的统一领导下，政府转向积极鼓励并从制度和

根河（杜小红　摄）

机制上引导企业、民间组织及公民个人参与到环境治理中来。党的十九大提出：
"构建政府为主导、企业为主体、社会组织和公众共同参与的环境治理体系。"[1]
目前，必须在坚持党的一元化领导的前提下，坚持一元和多体的统一，关键是要
提高一元和各主体的环境治理能力。我们要提高党委领导环境治理的能力和水
平，提高政府主导环境治理的能力和水平，提高社会协同环境治理的能力和水平，
提高公众参与环境治理的能力和水平。当然，这一切都必须在依法治国的框架中
进行。

此外，像"三同时"制度等我国传统的生态环境管理制度在今天仍然可以发
挥重要的建设性的作用。"三同时"制度，即一切新建、改建和扩建的基本建设
项目、技术改造项目、自然开发项目以及可能对环境造成污染和破坏的其他工程
建设项目，其中防治污染和其他公害的设施和其他环境保护设施，必须与主体工
程同时设计、同时施工、同时投产使用。

四、资源有偿使用和生态补偿制度

将市场机制引入到生态环境管理中，可以实现外部问题的内部化，促进生态
文明建设，因此，我们要建立和和完善资源有偿使用制度和生态补偿制度等制度。

---

[1]　习近平：《决胜全面建成小康社会　夺取新时代中国特色社会主义伟大胜利——在中国共产党第十九次全国
代表大会上的报告》，人民日报，2017 年 10 月 28 日第 1 版。

天山脚下（晋翠萍　拍摄于新疆）2017 年 9 月即将入冬的新疆牧民正准备着迁移。

1. 自然资源有偿使用制度

自然资源有偿使用制度，指的是在自然资源属于国有的前提下，国家以自然资源所有者和管理者的双重身份，为实现所有者权益，保障自然资源的可持续利用，对自然资源用益权的有偿转让，即自然资源的使用者必须按照相应定价付费使用自然资源的制度。党的十八届三中全会明确提出，要实行资源有偿使用制度。大体说来，自然资源有偿使用制度包括国有土地资源有偿使用制度、海域有偿使用制度、水资源有偿使用制度、矿产资源有偿使用制度和森林资源有偿使用制度等。在有偿使用的过程中，我们要严格防范自然资源资产的流失和贬值。

2. 排污权有偿使用和交易制度

排污权是指排污单位经核定、允许其排放污染物的种类和数量。排污权有偿使用和交易制度，是发挥市场机制在污染物减排中作用的重要制度。党的十八届三中全会提出："发展环保市场，推行节能量、碳排放权、排污权、水权交易制度，建立吸引社会资本投入生态环境保护的市场化机制，推行环境污染第三方治理。"[1] 排污权有偿使用和交易制度的核心，是根据区域环境资源稀缺程度、经济发展水平等因素制定排污权有偿使用费征收标准和排污权交易指导价格，实现排污权的有偿使用和排污权交易的管理。

---

[1]　《中共中央关于全面深化改革若干重大问题的决定》，人民日报，2013 年 11 月 16 日第 1 版。

3. 生态补偿制度

生态补偿，是指在综合考虑生态保护成本、发展机会成本和生态服务价值的基础上，采用行政、市场等方式，由生态保护受益者或生态损害加害者通过向生态保护者或因生态损害而受损者以支付金钱、物质或提供其他非物质利益等方式，弥补其成本支出以及其他相关损失的行为。党的十九大提出，要建立市场化、多元化生态补偿机制。生态补偿制度，指的是人类生产或生活活动所产生的之于生态环境的正的外部性的补偿，也就是生态服务或产品的受益者对提供者所给予的经济上的补偿。我们应进一步完善多元的生态补偿方案，建立健全横向、纵向生态补偿平台和机制。

4. 环保信用评价制度

党的十九大提出，要健全环保信用评价。企业环境信用评价包括企业在生产过程中的排污状况、治理污染状况、资源使用效率状况、遵守环境法律法规状况等，环保部门按照企业环境信用评价指标及评分办法，得出参评企业的评分结果，确定企业的环境信用等级。环保信用评价制度，指的是环保行政主管部门根据企业的环境行为信息，按照统一的指标、方法和程序，对企业的环境行为进行信用评价，确定企业环保信用等级，并面向社会公开，以供社会公众和环境有关部门、组织监督。这样，可以有效促进企业承担生态文明建设责任。

5. 环境保护税

在收费和税收上，我们要坚持使用资源付费和谁污染环境、谁破坏生态谁付费原则，逐步将资源税扩展到占用各种自然生态空间，推动环境保护费改税。同时，要调整消费税征收范围、环节、税率，把高耗能、高污染产品及部分高档消费品纳入征收范围。2016 年 12 月 25 日，十二届全国人大常委会第二十五次会议通过了《中华人民共和国环境保护税法》，自 2018 年 1 月 1 日起施行。作为我国第一部推进生态文明建设的单行税法，《中华人民共和国环境保护税法》标志着我国环境保护领域"费改税"已经以法律形式得到确认，也意味着我国施行了近 40 年的排污收费制度已经成为过去时。

此外，在环保市场方面，我们要建立吸引社会资本投入生态环境保护的市场化机制，推行环境污染第三方治理。

村庄（张增顺 摄）　　　　　　秋见雪山树林（晋翠萍 拍摄于新疆）

五、绿色绩效考核与责任追究制度

政绩考核和责任追究在生态文明及其制度建设中发挥着"指挥棒"的作用。因此，我们要建立和完善生态文明绩效评价考核与责任追究制度。

1. 生态文明绩效评价制度

生态文明绩效评价制度是对生态文明建设绩效评价和考核的制度，包括评价和考核目的、主体、指标、方法、周期、结果及运用等主要环节，分别回答"为什么考评、谁来考评、考评什么、怎样考评、何时考评、考评结果如何运用"等问题。2018 年 5 月 18 日，习近平同志在全国生态环境保护大会上强调，要建立科学合理的考核评价体系，考核结果作为各级领导班子和领导干部奖惩和提拔使用的重要依据。通过构建系统科学的绩效评价考核制度，建立起一套体现生态文明基本要求的考核和奖惩机制，可以有效引导、推动各级干部特别是领导干部扎实推进生态文明建设。为此，我们要实现生态文明建设评价的一岗双责、党政同责、考核监督和舆论监督一体化，将生态文明绩效评价制度、自然资源资产离任审核制度和生态环境损害责任追究制度等有机统一起来。

2. 生态文明责任追究制度

生态文明责任追究制度，指的是根据有关党内法规和国家法律法规，在依法依规、客观公正、科学认定、权责一致、终身追究的原则下，党政领导干部负起生态环境和资源保护职责；对于造成生态环境损害者，依规依法追究其责任；而且终身追究。2018 年 6 月，党中央和国务院进一步提出："严格责任追究。对省（自治区、直辖市）党委和政府以及负有生态环境保护责任的中央和国家机关有关部门贯彻落实党中央、国务院决策部署不坚决不彻底、生态文明建设和生态环

白桦秋韵（晋翠萍 拍摄于新疆）雪山树林、草甸溪流和连绵的山丘，在一层纯白的雪下，可听潺潺流水。

境保护责任制执行不到位、污染防治攻坚任务完成严重滞后、区域生态环境问题突出的，约谈主要负责人，同时责成其向党中央、国务院作出深刻检查。对年度目标任务未完成、考核不合格的市、县，党政主要负责人和相关领导班子成员不得评优评先。对在生态环境方面造成严重破坏负有责任的干部，不得提拔使用或者转任重要职务。对不顾生态环境盲目决策、违法违规审批开发利用规划和建设项目的，对造成生态环境质量恶化、生态严重破坏的，对生态环境事件多发高发、应对不力、群众反映强烈的，对生态环境保护责任没有落实、推诿扯皮、没有完成工作任务的，依纪依法严格问责、终身追责。"[1]这样，可以增强各级领导干部保护生态环境、提升保护生态环境的责任意识和担当意识，保障生态文明建设的顺利进行。

此外，对于一般社会主体尤其是企业，必须建立和完善生态环境损害赔偿制度。当然，在生态文明制度建设中，必须将后果严惩纳入到依法治国的框架当中。

总之，党的十八大以来尤其是十八届三中全会以来，我们将生态文明制度建

---

[1] 《中共中央国务院关于全面加强生态环境保护，坚决打好污染防治攻坚战的意见》，人民日报，2018 年 6 月 25 日第 1 版。

赶海（陈江林　摄）

设作为国家治理体系和治理能力现代化的重要任务，已经搭建起了生态文明制度体系的"四梁八柱"。面向未来，我们必须认真贯彻和落实党的十九大精神，坚持以习近平生态文明思想为指导，在社会主义生态文明建设的伟大实践中，不断建立健全生态文明制度体系，严格按制度办事，惟其如此，才能为走向社会主义生态文明新时代提供切实的制度保障。

撰稿：　张云飞（中国人民大学国家发展与战略研究院研究员，
　　　　　　　　　　马克思主义学院教授、博士生导师）
　　　　曲一歌（中国人民大学马克思主义学院博士生）

第六章

生态文明建设的
组织领导

云雾兴安岭（刘俊 拍摄于黑龙江省伊春市五营国家森林公园）云来山更佳，云去山如画，山因云晦明，云共山高下。

生态文明建设是全国最广大人民群众的伟大事业，党和政府在生态文明建设的愿景构想、发展规划、战略推进和大众动员教育等方面扮演着不可替代的领导者角色。为此，各级党委和政府要强化对生态文明建设的总体设计和组织领导，健全生态文明建设领导体制和工作机制，统筹协调处理重大问题，指导、推动、督促各地区各部门落实党中央、国务院重大政策措施，勇于探索和创新，推动生态文明建设蓝图逐步成为现实。

一、做好总体设计

体现与确保大力推进生态文明建设过程中党和政府组织领导作用的首要方面，是努力做好生态文明建设愿景构想与规划的整体设计。概括地说，从党的十七大、十八大到十九大的这十年，对于我国的生态文明建设来说，就是一个鲜活生动的自上而下、运筹帷幄的总体设计或"顶层设计"的过程。

2007年十七大报告首次用独立的一段话阐述了"建设生态文明"的主体性政策内容，即"基本形成节约能源资源和保护生态环境的产业结构、增长方式、消费模式；循环经济形成较大规模，可再生能源比重显著上升；主要污染物排放得到有效控制，生态环境质量明显改善"[1]，可大致概括为实施经济绿色转型、推动绿色发展和改善生态环境质量三个方面，同时还强调了在全社会树立"生态文明观念"的重要性。

2012年十八大报告用一个独立的篇章阐述了我国大力推进生态文明建设的理念基础、长远目标、整体思路和战略部署及任务总要求。概言之，生态文明建设的根本目标是"努力建设美丽中国、实现中华民族永续发展"；整体思路是将其作为中国特色社会主义"五位一体"总体布局的核心性元素"融入经济建设、政治建设、文化建设、社会建设各方面和全过程"，并在坚持"基本国策"（即节约资源和保护环境）基础上实施"三个发展"（即绿色发展、循环发展和低碳发展），逐步转向节约资源与保护环境的"空间格局、产业结构、生产方式、生

[1] 胡锦涛：《高举中国特色社会主义伟大旗帜 为夺取全面建设小康社会新胜利而奋斗》，人民出版社，2007年版，第20页。

锦绣汤旺河（刘俊　拍摄于黑龙江省汤原县国家森林公园）

活方式"，从而实现如下三个具体性"绿色目标"："从源头上扭转生态环境恶化趋势、为人民创造良好生产生活环境、为全球生态安全作出贡献"。战略部署及任务总要求则是着力抓好如下四大政策议题领域，即"优化国土空间开发格局""全面促进资源节约""加大自然生态系统和环境保护力度""加强生态文明制度建设"。而对于"生态文明观念"，十八大报告既强调了"尊重自然、顺应自然、保护自然"等理念，也明确指出要"努力走向社会主义生态文明新时代"[1]。

　　2017 年十九大报告既在核心内容和篇章结构上与十八大报告有着一脉相承的连续性，又呈现出了诸多方面的拓展与创新。单就后者而言，一方面，报告明确地将"坚持人与自然和谐共生"作为"新时代中国特色社会主义思想"及其基本方略这一更宏大理论体系的构成元素之一，强调"我们要建设的现代化是人与自然和谐共生的现代化，既要创造更多物质财富和精神财富以满足人民日益增长的美好生活需要，也要提供更多优质生态产品以满足人民日益增长的优美生态环境需要"，并依此将我国生态文明建设的阶段性目标做了"三步走"的中长期规划，即"打好污染防治的攻坚战"（2020 年之前）、"生态环境根本好转，美丽中国目标基本实现"（2020 ～ 2035 年）和"生态文明全面提升"（2035 ～ 2049 年）。另一方面，报告明确规定了以加快体制改革与制度创新来引领、推进生态文明建设。由"推进绿色发展""着力解决突出环境问题""加大生态系统保护力

---

[1]　胡锦涛：《坚定不移沿着中国特色社会主义道路前进 为全面建成小康社会而奋斗》，人民出版社，2012 年版，第 39-41 页。

度""改革生态环境监管体制"构成的新"四大战略部署及任务总要求"[1]，详细阐述了未来五年甚至更长时间内我国生态文明建设的战略推进与重大改革取向。

此外，在十八大和十九大期间，党中央和国务院还制定出台了关于大力推进生态文明建设的一系列政策文件。其中，最为重要的政策文件包括：2013 年 11 月十八届三中全会通过的《中共中央关于全面深化改革若干重大问题的决定》（以下简称《决定》），2015 年 3 月中央政治局审议通过的《关于加快推进生态文明建设的意见》（以下简称《意见》）和 2015 年 9 月中央政治局审议通过的《生态文明体制改革总体方案》（以下简称《方案》）。

到十九大之前，党中央和国务院已经初步完成对我国生态文明建设的愿景构想或"顶层设计"，而十九大报告则将这种构想或设计置于"新时代中国特色社会主义思想"的更宏大、也更坚实的理论体系基础之上，并且呈现为一种阶段性实现的系列目标或达致一个较高水准目标的"路线图"。正是基于这种日渐清晰的整体设计，持续推进生态文明建设已经成为作为执政党的中国共产党治国理政的有机组成部分，成为各级党委、政府议事日程上的日常性工作，成为广大人民群众高度关注与自觉参与的新时代中国特色社会主义事业的重要内容。

---

[1]　习近平：《决胜全面建成小康社会 夺取新时代中国特色社会主义伟大胜利》，人民出版社，2017 年版，第 28-29 页、第 50-52 页。

二、加强机构建设

　　体现与确保大力推进生态文明建设过程中党和政府组织领导作用的第二个方面，是从中央到地方的各级党委政府都必须进行必要的机构建设，逐步构建一个权能合理、组织有序、管理高效的推进生态文明建设党政机构或机构体系，以利于生态文明建设的有序推进，尤其是生态文明体制改革与制度创新的深入展开。依此，"加强机构建设"尤其是指我国生态文明建设过程中的制度化保障（而不是作为生态文明建设长期性结果或目标的制度性呈现，比如生态文明的经济、政治、社会与文化制度形态）[1]，即对适合或有利于我国生态文明建设目标实现的党政机构形式和架构的努力探索。而从党代会报告、党中央和国务院文件、习近平总书记系列论述等权威文献对生态文明建设的总体设计，以及过去十

信念（刘俊　拍摄于山西省管涔山国有林区）

年中生态文明建设的现实实践来看，党和政府在宏观、中观与微观层面上的机构建设都做了一些值得关注的新尝试或新突破，并构成了对我国生态文明建设实践的重要推动。

　　我国宏观层面上机构建设的最重要举措，是设立中央全面深化改革领导小组及其所属的经济体制和生态文明体制改革专项小组（2018 年 3 月，中共中央根据《深化党和国家机构改革方案》将中央全面深化改革领导小组更名为中央全面深化改革委员会，仍为中共中央直属决策议事协调机构）。

　　中央全面深化改革领导小组及其所属的经济体制和生态文明体制改革专项小组，扮演了大力推进我国生态文明建设的中枢性角色。截至十九大之前，"中央深改小组"共举行了 38 次会议，其中 20 次讨论了与生态文明体制改革相关的

---

[1]　郇庆治："论我国生态文明建设中的制度创新"，学习月刊，2013 年第 8 期，第 48-54 页。

林区秋霜（刘俊 拍摄于山西省管涔山国家森林公园）

政策议题[1]。十八大以来已经常态化的是，中央全面深化改革领导小组及其所属的经济体制和生态文明体制改革专项小组，将生态文明建设有关政策创议交给相关党政部门进行拟定、修改和完善（包括举行大量的专家咨询讨论与实地调研），然后由小组会议审批决定，并由某一个或几个党政部门负责具体实施。

当然，像 2015 年 3 月《关于加快推进生态文明建设的意见》和 2015 年 9 月《生态文明体制改革总体方案》这样最高顶层设计意义上的权威文件，都是由中央政治局审议通过并以中共中央、国务院的名义印发的，但"中央深改小组"及其办公室仍在文件起草、修改与完善阶段发挥着重要的统筹协调作用。

我国中观层面上机构建设的最主要举措，是有序推进国家生态环境监管体制的改革及其机构建设，特别是组建担负领土范围内所有国土空间用途管制职责、对山水林田湖草进行统一保护与统一修复的权威高效机构。

对此，习近平总书记在就十八届三中全会《决定》做解释性说明时明确指出，"我们要认识到，山水林田湖是一个生命共同体，人的命脉在田，田的命脉在水，水的命脉在山，山的命脉在土，土的命脉在树……由一个部门负责领土范围内所有国土空间用途管制职责，对山水林田湖进行统一保护、统一修复是十分必要的"[2]。在此基础上，《决定》提出，"健全国家自然资源资产管理体制，统一行使全民所有自然资源资产所有者职责；完善自然资源监管体制，统一行使所

---

[1] 这里的数据来自李干杰、杨伟民："践行绿色发展理念、建设美丽中国记者招待会"，2017 年 10 月 23 日。
[2] 中共中央文献研究室编《习近平关于社会主义生态文明建设论述摘编》，中央文献出版社，2017 年版，第 47 页。

小兴安岭（刘俊　摄）

太极兴安岭，云共山高下（刘俊　拍摄于黑龙江省伊春市五营国家森林公园）

有国土空间用途管制职责"[1]。2015年3月通过的《意见》和2015年9月通过的《方案》，则对上述机构改革与建设思路做了进一步的明确与细化。

正是在上述持续努力的基础上，2017年十九大报告明确强调了"构建政府为主导、企业为主体、社会组织和公众共同参与的环境治理体系"，明确要求"设立国有自然资源资产管理和自然生态监管机构""建立以国家公园为主体的自然保护地体系"[2]。2018年3月13日，十三届全国人大第一次会议正式批准了包括组建自然资源部、生态环境部及国家林业和草原局"两部一局"在内的国务院机构改革方案，其中新组建的"国家林业和草原局"还加挂"国家公园管理局"的牌子。很显然，这种"两部一局"架构更接近于"大自然资源""大环境"和"大生态"统一监管的目标。

我国微观层面上的机构建设，其具体内容是十分多样化的。一方面，国务院各部门、地方各级党委和政府都按照十七大报告、十八大报告、十九大报告，以

[1]　《中共中央关于全面深化改革若干重大问题的决定》，人民出版社，2013年版，第52-54页。

[2]　习近平：《决胜全面建成小康社会 夺取新时代中国特色社会主义伟大胜利》，人民出版社，2017年版，第51-52页。

及十八届三中全会《决定》、2015 年《意见》与《方案》的总体要求，制定了更具体细致的区域性、行业性和专题性规划与方案，或者建立了促进各自辖区内生态文明建设的党政（联席）协调机制或专门性机构。特别是《方案》第 51 条所规定的"实行地方党委和政府领导成员生态文明建设一岗双责制"，要求以自然资源资产离任审计结果和生态环境损害情况为依据，对地方党委和政府领导班子主要负责人、有关领导人员、部门负责人进行（终生）问责、追责和惩罚，对全国各地的生态文明建设产生了重要的推动作用。另一方面，党中央、国务院许多生态文明建设重大战略部署的贯彻落实也促成或催生了一些别具特色的地方机构或机制。这方面最值得关注的是全国各地实施或试点实施"河长制"和"国家公园体制"的做法。比如，江西省自 2015 年起开始在全省全境实施"河长制"[1]，青海省围绕"三江源国家公园"组建探索推进"国家公园体制"改革试点[2] 等。

三、　强化统筹协调

体现与确保大力推进生态文明建设过程中党和政府组织领导作用的第三个方面，是强化生态文明建设重大战略举措部署与贯彻落实上的统筹协调，从而形成党政之间、中央地方之间、部门之间、地域之间的"正向合力"。这既是过去很长时间内生态环境监管与治理体系及其能力现代化建设上的一个结构性短板，也是我国大力推进生态文明建设需要着力解决的一个突出问题。值得注意的是，十八大以来，以习近平总书记为核心的党中央出台了一系列重大体制机制创新举措，使得我们党和政府大力推进生态文明建设过程中的统筹协调水平与能力大幅度提高。

在党政部门统筹协调方面，除了成立高规格的中央全面深化改革领导小组及其经济体制和生态文明体制改革专项小组，并发挥其"总揽全局、协调各方的领导核心作用"，负责生态文明体制改革的总体设计、统筹协调、整体推进、督促落实，还明确提出各级地方党委政府主要成员"党政同责"的政治要求。对此，2015 年通过的《生态文明体制改革总体方案》第 51 条明确规定："实行地方党委和政府领导成员生态文明建设一岗双责制。"对于这一条款的具体意涵可大致从如下两个层面来理解：一是对于辖区或部门内的生态文明建设目标任务，党委和行政主要负责人肩负着同等的贯彻落实领导责任，因而需要接受同样标准的生态

---

[1]　2016 年 10 月 11 日，"中央深改小组"举行的第 28 次会议审议通过了《关于全面推行河长制的意见》，随后中央办公厅、国务院办公厅印发了该意见并发出通知，要求各地区、各部门结合实际认真贯彻落实。

[2]　马玉宏、石晶："青海三江源国家公园体制试点启动"，经济日报，2016 年 5 月 24 日。

高山白桦林（刘俊　拍摄于山西省中条山国有林区历山自然保护区舜王坪）

文明绩效评价考核，二是履行辖区或部门内的生态环境保护法制与行政监管职责时，党委和行政主要负责人的重大决策具有同等的遵法守纪责任，因而需要接受同样标准的国家法律与党内规章的奖惩约束。

"党政同责"的一个代表性实例，是国家与甘肃省 2015 年初对腾格里沙漠腹地排放污水案的严肃处理。经调查认定，武威市委、市政府负有重要领导责任、凉州区委、区政府负有主要领导责任、甘肃省环保厅负有重要监管责任、武威市环保局负有主要监管责任、凉州区环保局负有直接监管责任，共 14 名国家机关工作人员依法依纪受到追责。与以往不同的是，两级地方党委都成为问责追责的对象。此外，2017 年 7 月，中共中央办公厅、国务院办公厅就甘肃祁连山国家级自然保护区生态环境问题发出通报，并对有关责任人作出严肃处理。[1]

在政策统筹协调方面，一个重大举措是适时引入了"中央环保督察制度"。作为加强生态文明建设的一项制度性安排，2015 年通过的《生态文明体制改革方案》第 51 条明确规定了"建立国家环境保护督察制度"，中央深化改革领导小组 2015 年 7 月审议通过了《环保督察方案》（试行），并自年底开始首先在河北省引入了"中央环保督察"制度，而到 2017 年 10 月十九大之前，已经实现了对全国 31 个省区市的全覆盖，前后四批环保督察共收到群众的各类举报 13.5 万件，

---

[1]　央视新闻："中央问责甘肃多位副省级官员、祁连山生态环境破坏问题突出"，http://news.cctv.com/，2017 年 7 月 21 日。

黄河壶口（刘俊　拍摄于山西省吉县壶口瀑布风景区）

问责处理了上万人[1]。总体而言，"中央环保督察"制度产生了如下三个方面的积极效果[2]：一是提升了地方党委政府的环保责任；二是推动解决了一大批环境问题；三是推动地方建立环保的长效机制。

在改革举措统筹协调方面，一个标志性举措是强化对各种生态文明试验区的统一管理。对此，2015年3月通过的《关于加快推进生态文明建设的意见》第33条强调，"探索有效模式：抓紧制定生态文明体制改革总体方案，深入开展生态文明先行示范区建设，研究不同发展阶段、资源环境禀赋、主体功能定位地区生态文明建设的有效模式"[3]，而2015年9月通过的《生态文明体制改革总体方案》第53条则明确要求，"将各部门自行开展的综合性生态文明试点统一为国家试点试验，各部门要根据各自职责予以指导和推动"[4]。

中共中央办公厅、国务院办公厅2016年8月印发了《关于设立统一规范的国家生态文明试验区的意见》及《国家生态文明试验区（福建）实施方案》，2017年10月又印发了《国家生态文明试验区（江西）实施方案》和《国家生态文明试验区（贵州）实施方案》，意味着福建、江西和贵州作为全国首批国家生态文明试验区（省）全面启动运作。

四、拓展国际合作

体现与确保大力推进生态文明建设过程中党和政府组织领导作用的第四个方面，是深化与拓宽我国生态文明建设政策议题上的国际对话、交流和合作，从而在为各种重大举措出台实施创造有利国际环境的同时，争取与扩大我们在全球

---

[1]　这里的数据来自李干杰、杨伟民："践行绿色发展理念、建设美丽中国记者招待会"，2017年10月23日。

[2]　中国网："陈吉宁：中央环保督察是重要制度性安排、效果非常明显"，http://www.china.com.cn/lianghui/news/2017-03/09/content_40435828.htm，2017年3月9日。

[3]　中央政府门户网站：《中共中央、国务院关于加快推进生态文明建设的意见》，www.gov.cn，2015年5月5日。

[4]　中央政府门户网站：《生态文明体制改革总体方案》，www.gov.cn，2015年9月21日。

古树晨韵（刘俊　拍摄于山西省芦芽山国家森林公园）

夕照芦芽山（刘俊　拍摄于山西省芦芽山国家级自然保护区）

绿色议题上的话语权和"软实力"。对此，2012 年十八大报告已经提出努力构建"人类命运共同体"和新型国际关系的总体思路，而 2015 年 3 月通过的《关于加快推进生态文明建设的意见》第 34 条则明确要求："广泛开展国际合作：统筹国内国际两个大局，以全球视野加快推进生态文明建设，树立负责任大国形象，把绿色发展转化为新的综合国力、综合影响力和国际竞争新优势。"[1] 自十八大

[1]　中央政府门户网站：《中共中央、国务院关于加快推进生态文明建设的意见》，www.gov.cn，2015 年 5 月 5 日。

以来，以习近平总书记为核心的党中央这方面新策频出，不仅赢得了国际社会的广泛认可尊重，也使得我国日益成为"全球生态文明建设的重要参与者、贡献者、引领者"[1]。尤其是，"推动构建人类命运共同体"作为新时代中国特色社会主义思想及其基本方略的重要组成部分，已经成为我国参与包括生态文明建设议题在内的全球环境治理与合作的理论指南。

2015 年 9 月，在纪念联合国成立 70 周年的联大一般性辩论中，习近平主席发表了题为《携手构建合作共赢新伙伴、同心打造人类命运共同体》的讲话。其中不仅明确强调了人类命运共同体理念对于创建合作共赢新型国际（伙伴）关系的统领性意义，而且提出了对这种新型关系架构的更为丰富的"五大支柱"阐释："我们要继承和弘扬联合国宪章的宗旨和原则，构建以合作共赢为核心的新型国际关系，打造人类命运共同体。为此，我们需要作出以下努力：我们要建立平等相待、互商互谅的伙伴关系……我们要营造公道正义、共建共享的安全格局……我们要谋求开放创新、包容互惠的发展前景……我们要促进和而不同、兼收并蓄的文明交流……我们要构筑尊崇自然、绿色发展的生态体系。"[2]

2017 年十九大报告第三部分"新时代中国特色社会主义思想和基本方略"中，将"推动构建新型国际关系、推动构建人类命运共同体"作为新时代坚持和发展中国特色社会主义的核心意涵与基本方略之一。"中国人民的梦想同世界各国人民的梦想息息相通，实现中国梦离不开和平的国际环境和稳定的国际秩序。必须统筹国内国际两个大局，始终不渝走和平发展道路、奉行互利共赢的开放战略，坚持正确义利观，树立共同、综合、合作、可持续的新安全观，谋求开放创新、包容互惠的发展前景，促进和而不同、兼收并蓄的文明交流，构筑尊崇自然、绿色发展的生态体系，始终做世界和平的建设者、全球发展的贡献者、国际秩序的维护者。"[3] 与十八大报告相比，这段论述更系统地概括了我国坚持推动构建"人类命运共同体"的主要理念、目标与战略定位：我们所期望和追求的是一个和平发展、包容开放、合作共赢、尊崇自然的世界，而这意味着我们将倡导践行一种新的和平观、安全观、义利观、文明观、资源环境观，相应地，中国要成为"世界和平的建设者、全球发展的贡献者、国际秩序的维护者"。

生态文明建设视域下我国更积极参与国际合作的第一个议题领域，是全球气候变化应对，尤其是 2015 年底联合国《巴黎协定》的谈判、签订与实施[4]。我国

[1]　习近平：《决胜全面建成小康社会 夺取新时代中国特色社会主义伟大胜利》，人民出版社，2017 年版，第 6 页。
[2]　《习近平在第七十届联合国大会一般性辩论时的讲话》，参见新华网：http://news.xinhuanet.com/world/2015-09/29/c_1116703645.htm（2017 年 12 月 6 日）。
[3]　习近平：《决胜全面建成小康社会 夺取新时代中国特色社会主义伟大胜利》，人民出版社，2017 年版，第 25 页。
[4]　郇庆治：《中国的全球气候治理参与及其演进：一种理论阐释》，河南师范大学学报（哲社版），2017 年第 4 期，第 1-6 页。

是《联合国气候变化框架公约》首批缔约方之一，也是联合国政府间气候变化专门委员会发起国之一，一直是倡导建立公平合理的新型全球气候治理体系的推动者，在推进全球治理实践中发挥了不可替代的巨大作用。十八大以后，以习近平总书记为核心的党中央审时度势，结合国内大力推进生态文明建设的客观需要，逐步调整我国政府对于"后京都时代"国际气候变化应对新框架的立场，包括准备主动承担更大的国际责任。习近平主席多次就此与有关国家领导人发表联合声明，并于 2015 年 11 月 29 日出席巴黎气候变化大会开幕式，系统阐述了加强合作应对气候变化的中国主张。我国政府的主动积极努力，为《巴黎协定》的最终达成与付诸实施发挥了巨大推动作用。

2017 年 6 月，在美国特朗普政府宣布退出的情况下，我国政府仍然明确表示，《巴黎协定》所倡导的全球绿色、低碳、可持续发展的大趋势与中国生态文明建设理念相符，无论其他国家立场如何变化，我国都将继续贯彻创新、协调、绿色、开放、共享的发展理念，立足自身可持续发展的内在需求，采取切实措施加强国内应对气候变化行动，认真履行《巴黎协定》，因而已成为全球应对气候变化《巴黎协定》框架或秩序的坚定维护者和推动者。

生态文明建设视域下我国更积极参与国际合作的另一个议题领域，是联合国框架下的全球环境治理与可持续发展合作。在可持续发展议题领域，进入 21 世纪以来联合国框架下的两个主要合作框架与机制，分别是 2000 年 9 月达成的、为期 15 年的《千年发展目标》和 2015 年 9 月达成的、同样为期 15 年的《可持续发展目标》。

可持续发展在我国发展进程中的战略性地位由来已久，其历史脉络可以追溯到 1992 年举行的联合国里约环境与发展大会，以及所通过的《21 世纪议程》。我国依此制定了发展中国家中第一个国家可持续发展议程，并尽最大努力贯彻落实。自 2008 年以来，面对波及范围广、影响程度深、冲击强度大的国际性金融危机，中国政府大力推进各项改革以转变经济发展方式、调整经济结构，并积极参与应对金融危机的国际合作，坚决推进落实联合国千年发展目标。自党的十八大以来，结合大力推进生态文明建设，中国政府更加强调通过转变经济发展方式、扩大内需、改善民生等重大举措促进全面协调可持续发展，并坚定支持联合国在国际发展协调中的作用以及在可持续发展领域的主渠道地位，推动全球可持续发展和绿色增长[1]。

尤其是，习近平主席高度重视我国在联合国框架下的可持续发展国际合作，

[1]　贝特霍尔德·库恩：《可持续发展目标实现中的中国角色与挑战》，江西师范大学学报(哲社版)，2016年第4期，第5-7页。

山西省管涔山国有林区天然次生林（刘俊　摄）

关帝山国有林区七彩林（刘俊　摄）

应邀出席 2015 年 9 月 25 日在联合国纽约总部举行的全球峰会并做了"谋共同永续发展、做合作共赢伙伴"的演讲 [1]。其中，他明确提出了落实联合国可持续发展目标的中国方面的四点原则主张和五条具体建议，即：增强各国发展能力、改善国际发展环境、优化发展伙伴关系、健全发展协调机制和中国将设立"南南合作援助基金"（首期 20 亿美元）、中国将继续增加对最不发达国家投资（力争2030 年达到 120 亿美元）、中国将免除对有关最不发达国家等截至 2015 年年底到期未还的政府间无息贷款债务、中国将设立国际发展知识中心、中国倡议探讨构建全球能源互联网等。

　　从千年发展目标到 2030 年可持续发展目标，多年来中国一直通过实际行动推进落实联合国的发展议程，一方面将联合国千年发展目标和 2030 年可持续发展目标分别与我国的"十二五"和"十三五"规划相结合，通过稳步推进全方位改革创新的手段，来改善国内发展模式，提高发展水平，实现国内的可持续发

[1]　《谋共同永续发展、做合作共赢伙伴：在联合国发展峰会上的讲话》，人民网：http://politics.people.com.cn/n/2015/0927/c1024-27638350.html（2015 年 9 月 27 日）。

小兴安岭（刘俊　拍摄于黑龙江省伊春市五营国家森林公园）

展，另一方面通过援助和减息等手段促进和帮助更多发展中国家应对国际金融危机，助推联合国实现可持续发展。可以想见，随着我国改革开放进程的不断深入和生态文明建设的全面有序推进，我们将进一步拓展与包括联合国在内的各国政府、国际机构、非政府组织等就全球环境治理与可持续发展议题的国际合作，共同促进全球生态文明建设水平的逐渐提高。

此外，"一带一路"倡议框架下的绿色议题合作，正在成为我国着力推进的全球生态文明建设的另一个重要渠道或平台。2017 年 4 月 26 日，环保部、外交部、发改委和商务部联合推出"关于推进绿色'一带一路'建设的指导意见"，明确提出要"全面推进'五通'绿色化进程，建设生态环保交流合作、风险防范和服务支撑体系，搭建沟通对话、信息支撑、产业技术合作平台，推动构建政府引导、企业推动、民间促进的立体合作格局"。[1]

因而，在"一带一路"倡议实施过程中主动构建传播"人类命运共同体"和

[1]　环保部等：《关于推进绿色'一带一路'建设的指导意见》，http://www.gov.cn/xinwen/2017-05/09/content_5192214.htm（2017 年 12 月 9 日）。

全球生态文明意识，已经成为我国政府的一种确定政策，也就是所谓的绿色"一带一路"建设。当然，目前的这些政策规定还有一个不断细化和标准提高的过程，并且需要根据我国海外投资企业的践行情况作出适时适度的调整。

撰稿：郇庆治（北京大学马克思主义学院教授、博士生导师）

后 记

　　本书是"十三五"国家重点图书出版物少数民族出版规划项目《党政领导干部生态文明建设读本》的蒙古文、藏文、维吾尔文、朝鲜文、哈萨克文等多个少数民族文本的中文文本，是完成"十三五"国家重点图书出版物少数民族出版规划项目《党政领导干部生态文明建设读本》的基础。

　　本书由中共中央党校、国务院发展研究中心、中国社会科学院、国家林业和草原局经济发展研究中心、北京大学、中国人民大学相关专家学者共同撰写，共分六章，各章撰稿人分别为（按各章先后为序）：黎祖交教授（第一章），赵建军教授（第二章），余谋昌研究员（第三章），周宏春研究员（第四章），张云飞教授、曲一歌博士（第五章），郇庆治教授（第六章）。原国家林业局经济发展研究中心主任、中国生态文明研究与促进会首届常务理事、咨询专家黎祖交教授任本书主编，负责全书框架设计、主持编写会议、提出撰稿要求和全书统稿定稿。

　　中国生态文明研究与促进会、国家林业和草原局及中国林业出版社高度重视本书的编写工作，多次召开会议研究、提出明确要求，为本书的编写和列入"生态文明建设文库"之一册出版提供了可靠保障。

　　本书的编写，得到十一届全国政协副主席、中国生态文明研究与促进会会长陈宗兴和国家林业和草原局党组成员、副局长彭有冬的关心、指导。国家林业和草原局宣传中心主任黄采艺，国家林业和草原局经济发展研究中心主任李冰，中国林业出版社党委书记、董事长、总编辑刘东黎，中国生态文明研究与促进会常务副会长李庆瑞、驻会副会长王春益、研究与交流部主任胡勘平等领导和专家也给予了许多指导和帮助。各章撰稿人还学习、参考了国内已经出版的生态文明建设的干部读物和有关专著、论文、资料，吸收了其中不少研究成果。书中还配有从国家艺术基金资助项目绿水青山中国森林摄影作品巡展中遴选的约 100 幅图片。本书责任编辑刘先银、李娜为本书的编辑出版付出了各自的辛劳。在此，一并表示衷心的感谢！

　　为少数民族干部撰写生态文明建设读本没有先例可循，加之我们水平有限、对习近平生态文明思想和中央关于推动生态文明建设的决策部署领会不深，难免有不足之处，恳请读者批评指正。

编 者

2019 年 11 月 16 日